Inhalt

Aktiv im Team

Lebensraum für luftige Entdecker 22
Freundschaft schließen 26
Wellensittiche verstehen 30
Vergesellschaftung 32
Körner & Co. 34
Kleine Muntermacher 38
Wellensittich on tour 44

Liebevoll umsorgt

Zimmerservice 48
Vorsorge 50
Mögliche Krankheiten 52
Was Sie tun können 54
Nachwuchs 56

SPEZIAL Pfiffiger Sprachunterricht 42

SPEZIAL Muntere Kinderstube 58

Erfahren Sie, wie das Vogelheim aussehen sollte, Sie Freundschaft schließen können und die Fütterung ein großer Spaß wird.

Lesen Sie, wie Sie sich am besten um Ihre Vögel kümmern, was bei einer Krankheit zu tun und bei Nachwuchs zu beachten ist.

Persönlichkeit im bunten Outfit

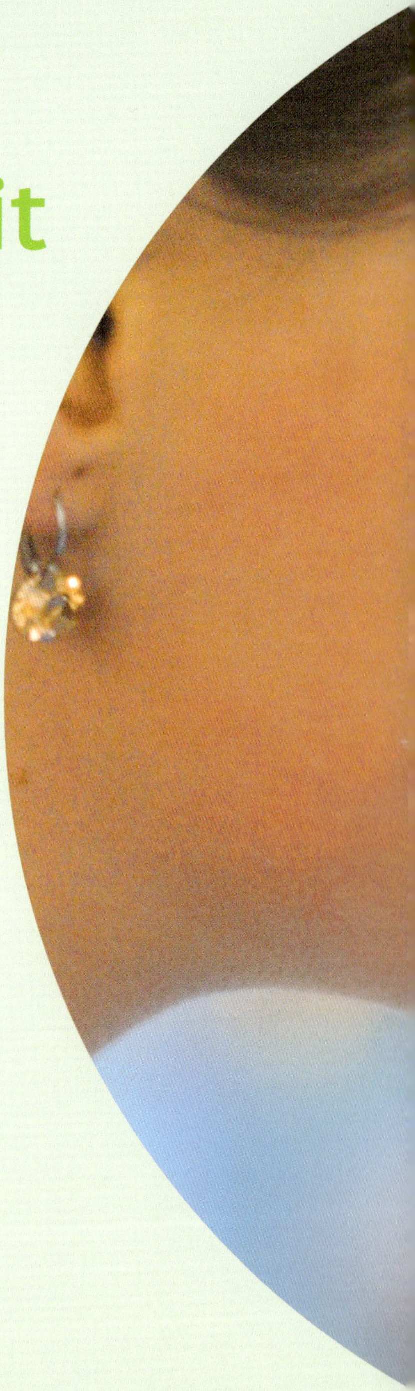

Es ist erstaunlich, wie viel Persönlichkeit in einem kleinen Vogelkörper Platz hat. Da gibt es die Mutigen, die sich tatendurstig auf neue Abenteuer stürzen und die Schüchternen, die sich Zeit lassen, bevor sie Kontakt zum Menschen aufnehmen. Welche Sittichcharaktere auch immer bei Ihnen einziehen werden, ihr ausgeprägtes Sozialverhalten werden die Vögel nur zeigen, wenn mindestens ein Artgenosse an ihrer Seite ist – erst dann fühlen sich Ihre Vögel richtig wohl.

Bei guter Pflege, artgerechter Haltung mit täglicher Möglichkeit zum Freiflug und einfühlsamer Zuwendung ihres Menschen zeigen die kleinen Persönlichkeiten spannende Einblicke in ihren Familienalltag mit allen Höhen und Tiefen. Sie führen ihre atemberaubenden Flugkünste und gewagte Hochseilartistik vor und lassen Sie an ihren Unternehmungen teilnehmen.

Wenn Sie sich genügend Zeit für Ihre Untermieter nehmen, auf ihre bescheidenen Bedürfnisse eingehen und behutsam mit ihnen Freundschaft schließen, werden die geselligen Tierchen sehr zutraulich und genießen es, auf Ihrer Schulter zu sitzen und mit Ihnen zu spielen – dann sind Sie ein echtes Dream-Team.

Neugierig, gesellig, intelligent und unternehmungslustig – all das sind treffende Beschreibungungen für die kleinen Vögel vom fernen Kontinent, die unsere Herzen erobern.

Gegenstände anzuknabbern und mit dem Schnabel zu untersuchen ist eines der Hobbys unserer aufgeweckten Wellensittiche.

Gestatten Welli

8 Herkunft

10 Faszinierende Fähigkeiten

12 So sind Wellensittiche

14 Vielfältige Farben

16 Partnerwahl

SPEZIAL 18 „Clever aussuchen“

Herkunft

Wellensittiche führen die Hitliste der beliebtesten Stubenvögel an. Kein Wunder, sind sie doch freundliche, gesellige und lustige Kerlchen, die ihren Haltern viel Freude bereiten. Doch alle diese Vorzüge können die Vögel nur an den Tag legen, wenn ihre Menschen ihnen ein möglichst artgerechtes Leben bieten. Dazu müssen Sie wissen wie Wellensittiche in ihrem natürlichen Umfeld leben, um sich daran orientieren zu können.

Wellensittiche sind gesellige Vögel, die sich frei lebend zu großen Schwärmen zusammentun und auch gemeinsame Brutbäume nutzen.

Natürlicher Lebensraum

Die Heimat der quirligen Vögel ist Australien. Die Lebensbedingungen in diesen Halbwüsten und Steppen scheinen sehr unwirtlich zu sein. Im Tag-Nachtwechsel gibt es enorme Temperaturschwankungen zwischen Hitze und Kälte und im Verlauf des Jahres lange Dürreperioden. Diese extremen Umwelteinflüsse haben Wellensittiche zu echten Spezialisten werden lassen, welchen sie sich hervorragend angepasst haben. Dazu gehört, dass die Vögel sich zu Schwärmen zusammenschließen, meist sind es 20 bis über 50 Tiere. Sie geben sich gegenseitig Wärme und Sicherheit auf der Suche nach Futter, bei der die Vögel lange Strecken überwinden. Dabei bilden sich auch einmal Schwärme von 1000 und mehr Wellensittichen.

Typisch für diesen Sittich ist die schwarze Wellenzeichnung an Kopf, Rücken und den Flügeln – was jeden Vogel einzigartig macht.

Regen bringt Leben: Fällt endlich der ersehnte Regen, verwandelt er nicht nur Halbwüsten und Steppen in grüne, blühende und üppige Landschaften, auch bei Familie Sittich gibt es Nachwuchs. Die Paare verlieren dann keine Zeit und machen sich auf die Suche nach einer Nistgelegenheit, am liebsten sind ihnen Höhlen in Eukalyptusbäumen. Dieses Timing ist auch wichtig, denn die Hauptnahrung bei der Aufzucht der Nestlinge und Jungvögel sind die halbreifen Sämereien der sprießenden Gräser – und diese stehen nur nach dem Regen in ausreichender Menge zur Verfügung.

SMART

Namenskunde

- **Die Wellenzeichnung** an Kopf und Rücken gab dem Wellensittich den deutschen Namen.
- **Die Ureinwohner** Australiens nannten ihn „Betcherrygah", was mit „gutes Essen" übersetzt wird, in anderen Quellen ist zu lesen, dass es etwa „hübscher Vogel" bedeutet. Seine englische Bezeichnung ist davon abgeleitet.

Der Wellensittich als Stubenvogel

1840 wurde die ersten lebenden Wellensittiche von dem Forscher John Gould aus Australien nach England eingeführt. Dank seiner einfachen Pflege und leichten Züchtbarkeit verbreitete der hübsche Vogel sich schnell in Europa, wurde bei Züchtern und anderen Vogelfreunden immer beliebter. Doch auch die steigende Anzahl an Nachzuchten konnte den „Bedarf" nicht decken und in den folgenden Jahrzehnten wurden hunderttausende Vögel nach Europa importiert, viele kamen bei den Transporten ums Leben. Um den natürlichen Bestand im Heimatland zu schützen, erließ die Australische Regierung 1894 ein Ausfuhrverbot. Heute gibt es Tausende Züchter, die sich in Vereinen organisiert haben und der Zucht von Wellensittichen widmen. So sind zu der hübschen Wildfarbe Grün viele attraktive Farbschläge hinzugekommen.

Bubi & Co: Dass der Wellensittich heute als Stubenvogel so beliebt ist, hat sicherlich viele Gründe. Einerseits kann der Vogelliebhaber die Ansprüche des Wellis leicht erfüllen. Zum anderen hat der Australier ein nettes Wesen, das mit seiner Neugier und seiner Entdeckerfreude viel Unterhaltung bietet. Nicht zuletzt schließt der kleine Vogel sich leicht an den Menschen an.

Faszinierende Fähigkeiten

Das Leben in australischen Steppen und Halbwüsten ist kein „Zuckerschlecken“ und die Bewohner müssen schon begabte Spezialisten sein, um unter diesen oft widrigen Lebensbedingungen ihr Auskommen zu finden. Körperbau, Sinne, Fähigkeiten und Sozialverhalten – all das entwickelt sich nicht zufällig, sondern ist die Folge der Anpassungen an Lebensumstände und Nahrungsangebot.

Erstaunlich, welch ausgeprägte und spezialisierte Sinne in einem solch kleinen Vogel stecken.

Sinnesleistungen

Sie ermöglichen es den Wellensittichen nicht nur, ihre Nahrung zu finden, sondern auch schnell auf Feinde zu reagieren und mit Artgenossen zu kommunizieren.

▸ **Die Augen** der Vögeln sind anders aufgebaut als die der Säugetiere. Bei Vögeln ist meist das untere Lid beweglich, das obere dagegen weitgehend starr. Die Augäpfel sind im Schädelinneren nur durch eine dünne Wand getrennt. Aus diesem Grund können bei einem Unfall immer leicht beide Augen verletzt werden. Durch die seitliche Anordnung der Augen können Wellensittiche ein weites Gesichtsfeld überblicken. Die mangelnde Beweglichkeit ihrer Augen machen die Vögel durch Kopfbewegungen wett und können so 360 Grad überblicken und sehen, was hinter ihnen passiert – dadurch erkennen sie Feinde frühzeitig. In der Dämmerung hingegen können Wellensittiche Bewegungen nicht gut wahrnehmen. Gut ausgeprägt ist dagegen ihr Farbensehen.

▸ **Die Ohren** Ihrer munteren Hausgenossen sind unter Federn versteckt. Sie befinden sich als kleine Öffnungen hinter den Augen. Das Gehör von Vögeln ist gut ausgeprägt und spielt bei der Kommuniktion mit Artgenossen eine wichtige Rolle. Auch Ihre Stimme werden die Vögel schnell einordnen können. Im Ohr befindet sich auch das Gleichgewichtsorgan. Ist es wegen einer Erkrankung in Mitleidenschaft gezogen, können sich die Vögel sich nicht mehr auf einer Stange halten oder fliegen. Werden Sie deswegen immer aufmerksam, wenn einer Ihrer Vögel den Kopf schief hält.

▸ **Die Nase** der Wellensittichen besitzt nur im hinteren Teil Riechzellen. Obwohl Vögel dadurch nicht zu den Geruchsspezialisten gehören, können sie doch viele Gerüche unterscheiden. Einige Vögel scheinen sich beim Fliegen unter anderem sogar an Gerüchen zu orientieren. Sie sollten es vermeiden, Ihre Vögel strengen „Düften“ auszusetzen, dies kann die Atemwege reizen.

▸ **Mit der Zunge** testen die Wellensittiche mögliche Nahrung auf ihre Eignung, die Geschmacksknospen liegen am Zungengrund. Unter anderem auf der Zunge befinden sich auch kleine Tastkörperchen. Mit diesen können die Vögel Gegenstände und Nahrung intensiv auf ihre Beschaffenheit untersuchen.

Fliegen ist die große Leidenschaft Ihrer gefiederten Hausgenossen. Auch dabei sind ihre außergewöhnlichen Sinnesleistungen wichtig.

Haben Wellensittiche weitere Sinne?

Vögel faszinieren die Menschen seit jeher vor allem durch ihren unglaublichen Orientierungssinn, der sie sogar über Kontinente trägt. Wie genau es aber Zugvögel vermögen, tausende von Kilometern zielsicher zurückzulegen, bleibt noch ihr Geheimnis und ist nach wie vor nicht bis ins letzte Detail erforscht. Viele Vögel orientieren sich zu einem großen Teil auf Sicht. Doch wie schaffen sie es, nachts und bei dichtem Wolkenfeld die Richtung zu halten? Sicherlich spielt dabei die Fähigkeit eine Rolle, das Magnetfeld der Erde zu nutzen. Ob unsere Wellensittiche dies auch können, ist bis heute noch ungeklärt. Tatsache ist aber, dass sie bei der Futtersuche weite Strecken fliegen und genau zu wissen scheinen, wo es geregnet hat und sich vermutlich üppige Futtergründe und Wasserstellen auftun. ●

Welli-like

Bei einer Wellensittichgruppe ist immer was los. Die munteren Gesellen spielen miteinander, rangeln sich um Leckerbissen, plaudern in einem freundlichen Zwitscherton miteinander und scheinen immer den nächsten Streich auszuhecken.

Tolle Flugnummern

Frei lebende Wellensittiche sind immer im Schwarm unterwegs. Wie viele andere Sittiche auch sind sie begabte Luftakrobaten, die tollkühne Flugnummern zeigen. Dabei ist die Koordination im Schwarm erstaunlich – so plötzlich eine Wendung auch kommt – der ganze Schwarm wirkt nicht wie eine Ansammlung zahlreicher Vögel, sondern wie eine einzige große Einheit und eine Kollision wird der Betrachter nicht erleben.

Die friedlichen Wellensittiche finden sich auch an der Futterstelle ohne Streit zusammen, heftige Auseinandersetzungen sind selten.

r Vogelfreunde und Züchter

Lebendige Berichte und Tipps

Erfahrene Privatzüchter geben ihre Tipps zur Zucht und Haltung von Vögeln weiter.
Werfen Sie auch einen Blick auf die Tiere in den Zoos und Vogelparks und lernen Sie so die Lebensräume interessanter Vögel kennen.

Rundherum versorgt

Erleben Sie unsere Leserreisen entweder vor Ort oder in spannenden farbigen Berichten. Nehmen Sie teil an Seminaren, bei denen Ihnen Fachleute zur Seite stehen. Wir bieten Ihnen alle wichtigen Termine: Messen, Ausstellungen und Vogelschauen auf einen Blick.

Der Gefiederte Welt-Service: Kontakte, Termine, Veranstaltungen und Bücher

- Hier können nicht gewerbliche Vogelhalter und Züchter, nach Rubriken geordnet, **kostenlos Vögel anbieten, tauschen oder suchen**.

- Einen **Anzeigen-gutschein** für Ihre private Kleinanzeige finden Sie in jeder Ausgabe der Gefiederten Welt.

Nur wenn Ihre Vögel auch bei der Haltung als Heimtier täglich die Möglichkeit haben, ausgiebigen Freiflug zu genießen, können sie die Bandbreite ihres natürlichen Verhaltens ausleben und bleiben munter und gesund.

Kletterfreudig

Zum Fitnessprogramm und natürlichen Verhalten Ihrer munteren Untermieter gehören auch gewagte Klettertouren. Ob am Gitter, an einem Seil oder einem Ast, mit Hilfe ihrer beweglichen Zehen und des kräftigen Schnabels ist es für die gelenkigen Vögel kein Problem, auch an schwer erreichbares Futter zu gelangen. Bieten Sie ihnen genug Möglichkeiten dazu.

Zärtliche Gesten demonstrieren Zuneigung und stärken die innige Bindung des Wellensittichpaares.

SMART

Eingespielte Teams

- **Haben sich** zwei Wellensittiche gefunden, die sich mögen und vielleicht sogar eine Paarbindung eingehen, unternehmen sie nun viel miteinander.
- **Sie stimmen** viele ihrer Handlungen zeitlich ab und werden oft unzertrennlich.
- **Schön zu beobachten** ist dies beispielsweise beim Putzen, die Vogelpartner zeigen dann häufig synchrone Bewegungen.
- **Schlafen und Futteraufnahme** finden auch im Team statt, der Tagesablauf wird von beiden angeglichen.

Treue Seelen

Wellensittichpaare bleiben meist ein Leben lang zusammen und es ist sehr schön, den Umgang der Partner miteinander zu beobachten. Diese lebenslange Treue hat auch einen biologischen Sinn: Wenn der Regen fällt, der die Grundlage für die Jungenaufzucht ist, können die Paare direkt damit beginnen, eine passende Bruthöhle zu finden und die Vögel „verlieren" keine Zeit, indem sie erst noch einen Partner finden und umwerben müssen.

Vielfältige Farben

Der künftige Wellensittichhalter kann seine Vögel aus einer großen Auswahl schöner Farben auswählen.

Die Wellensittiche, die man zumeist in den Zoofachhandlungen bekommt, unterscheiden sich in der Körperform oft von denen aus ambitionierten Hobbyzuchten. „Schauwellensittiche" besitzen z. B. einen gedrungenen Körper und einen größeren Kopf. Während der Züchter Wert auf bestimmte Farbschläge legt, sind die „normalen" Wellis von eher schlankerem Körperbau und ihre Farben entsprechen selten den vorgeschriebenen Standards. Wer sich jedoch einfach nur nette Hausgenossen wünscht, sollte sich für einen der „normalen", liebevoll „Bubis" genannten Vögel entscheiden. Aus diesem Grund werden bei den Porträts oben auch einfach nur hübsche Tiere gezeigt.

Grün

Die in Australien wild lebenden Wellensittiche sind alle grün. Ganz selten gibt es einmal in den großen Schwärmen der normalfarbigen Tiere einen gelben oder blauen Sittich.

▸ **Schlecht getarnt:** Die Überlebenschance dieser gelben oder blauen Vögel ist im Freien recht gering, denn ohne die grüne Tarnfarbe fällt ein Sittich auch im Schutz eines großen Schwarms leichter einem Greifvogel zum Opfer.

▸ **Farbenspiele:** Genau genommen ist Grün keine eigene Farbe, da Grün aus zwei Komponenten zusammengesetzt wird. Jeder, der einmal verschiedene Wasserfarben vermischt hat, weiß, dass aus Gelb und Blau Grün entsteht. Ähnlich mischt auch die Natur, nur ist hier die Sache doch etwas komplizierter als auf der Farbpalette.

Zart gescheckt

Trotzdem lässt es sich ganz einfach erklären, wie die Natur die Farben mischt: Es gibt für den Blau-Faktor und für den Gelb-Faktor jeweils eine eigene erbliche Anlage.

▸ **Wildfarbe:** Treten beide Erbanlagen zusammen auf, so wie die Natur es vorgesehen hat, haben wir einen grünen Vogel vor uns. Fällt ein Faktor aus, kommt es zu den frei lebend seltenen gelben oder blauen Wellensittichen.

▸ **Farbmischung:** Bei den grünen Vögeln befinden sich im zentralen Teil der Federn dunkle Farbkörperchen und in der äußeren Rindenschicht gelbe. Den blauen Sittichen fehlt der gelbe Farbstoff – das Blau entsteht dann durch Lichtbrechung – den gelben fehlen die dunklen Farbkörper und den weißen fehlen beide.

Blau

Alle die vielen heute bekannten Nuancen und die gescheckten Wellensittiche sind durch Farbmutationen entstanden und mit dieser einfachen Grundregel der Farbmischung zu erklären.

▸ **Grenzen:** Aber die Farben werden nie den Bereich Blau-Gelb-Grün-Weiß verlassen. Rot ist in der vorhandenen Farbpalette nicht angelegt und wird daher niemals auftreten – so sehr auch mancher ehrgeizige Züchter davon träumen mag.

▸ **Farbenzucht:** Jedem Sittich ist es wohl ziemlich gleichgültig, welche Farbe sein Partner hat. Für den Züchter ist es hingegen von einiger Bedeutung, wie er die Tiere verpaart: Er erwartet ja als Zuchtergebnis ganz bestimmte Gefiederfarben. Um solche Ergebnisse zu erzielen, muss man sich mit den Vererbungsregeln befassen.

Albino

Wie aus vielen Beispielen aus der Natur und der Tierzucht bekannt ist, treten bei der Vermehrung immer wieder Abweichungen der Gefiederfarbe und Zeichnung auf.

▸ **Erste Varianten:** Die erste in der Wellensittichzucht bekannt gewordene Mutation war der gelbe Wellensittich, der im Jahre 1872 in Belgien entstand. Auch heute ist diese Farbvariante bei vielen privaten Vogelfreunden noch sehr beliebt.

▸ **Farbschläge:** Erst dauerte nur wenige Jahre, bis die nächste Farbmutation auftrat. Schon 1978 gab es die ersten blauen Wellensittiche. Innerhalb der bekannten Farben gab es schon bald weitere Varianten, z. B. dunkelgrün oder -blau. Albinos wurden erstmals 1932 in Deutschland gezüchtet. Ihnen fehlt jeder Farbanteil.

Intensiv gescheckt

Heute gibt es zahlreiche Farbschläge und innerhalb dieser wieder viele Varianten, die oft nur von Fachleuten anhand feiner Details unterschieden werden können.

▸ **Ambitionen:** Viele Züchter widmen sich heute intensiv der Farbenzucht, die sich an den von Zuchtorganisationen aufgestellten Standards orientiert. Weiterhin ergaben sich auch Mutationen, die die Federform der Vögel veränderten.

▸ **Was ist natürlich?** So gibt es Haubensittiche, bei denen die Kopffedern in alle Richtungen wachsen und eine Ponyfrisur bilden und „Federputzer“ mit abnorm langen Federn. Bei diesen Züchtungen muss man sich allerdings doch fragen, ob sie nicht vielleicht schon einen zu großen Schritt weg vom Natürlichen bedeuten?

Partnerwahl

Vor dem Kauf ihrer Wellensittiche sollten Sie überlegen, welche es sein sollen.

Fit im Team

Jeder weiß, dass Wellensittiche von Natur aus gesellig sind, nie wird man in ihrer Heimat ein Einzeltier antreffen. Nachdem sie sich aus dem Familienverband gelöst haben, leben die Jungvögel ein paar Monate in größeren Schwärmen. Dann folgt die Bindung an einen Partner, die möglicherweise das Leben lang hält. Es wäre gefühllos, solchen Tieren eine lebenslange Einzelhaft zuzumuten. Wer einmal genau beobachtet hat, wie viel Zeit ein Pärchen mit gegenseitiger Gefiederpflege und sonstigen Zärtlichkeiten verbringt, wird zugeben, dass er selbst nie so viel Zeit und Geduld für seinen Wellensittich erübrigen könnte. Ein verständnisvoller Tierfreund sollte die Einzelhaltung eines sozialen Geschöpfes deswegen ablehnen. Bei der Haltung von zwei Vögeln braucht man kein schlechtes Gewissen zu haben.

Überlegen Sie vorher...

- **Herumfliegende Körnerhülsen verschmutzen schnell die Käfigumgebung. Können Sie das tolerieren?**
- **Beim Freiflug im Zimmer gibt es eventuell Souvenirs in Form von Kothäufchen oder angeknabberten Möbeln. Können Sie darüber hinwegsehen?**
- **Haben Sie eine zuverlässige Urlaubsbetreuung?**
- **Gibt es einen geeigneten Standort für den Käfig?**
- **Sind alle Familienmitglieder mit den neuen Untermietern einverstanden und hat keiner eine Allergie gegen den Federstaub? Wer versorgt die Vögel?**

Männchen oder Weibchen?

Wer auf zahme Vögel großen Wert legt, nimmt vorerst nur ein Tier ins Haus und nach zwei bis drei Wochen das zweite. Wenn man sich viel mit ihnen beschäftigt, werden junge Sittiche innerhalb dieser wenigen Wochen zahm. Kommt dann ein zweiter, ebenfalls junger Vogel dazu, hat er ein Vorbild und findet noch rascher Anschluss an seine Besitzer. Unerwünschte Sittichkinder wird es bei paarweiser Haltung nicht geben, denn Nachwuchs lässt sich steuern: ohne einen Nistkasten gibt es keine erfolgreiche Brut! Davon abgesehen kommen Wellensittiche eher in einer größeren Gruppe in Fortpflanzungsstimmung. Soll jegliches „Nachwuchsrisiko“ ausgeschaltet werden, bleibt als Alternative die Haltung eines gleichgeschlechtlichen Teams. Die Geschlechter lassen sich bei ausgefärbten Wellensitti-

chen leicht bestimmen: Bei grünen und blauen Sittichmännchen ist die Wachshaut (unbefiederte Region zwischen Oberschnabel und Stirn) blau, bei weißen, gelben und gescheckten Männchen ist sie wie bei Jungtieren gefärbt. Weibchen aller Farben besitzen eine braune Wachshaut.

Innige Zuneigung und liebevolle gegenseitige Gefiederpflege ist herrlich zu beobachten bei zwei Wellensittichen, die sich mögen.

Welches Alter?

Junge Vögel gewöhnen sich in der Regel am besten ein. Groß ist vor allem die Nachfrage nach „nestjungen" Wellensittichen. Aber erst ein bis zwei Wochen nach dem Ausfliegen – im Alter von etwa sechs Wochen – sind sie nicht mehr von den Eltern abhängig und können abgegeben werden.

- **Junge Wellensittiche** haben noch eine dunkle Iris.
- **am Kopf** eine etwas verwaschene und nicht deutlich ausgeprägte Wellenzeichnung, ihr übriges Gefieder ist matter als beim ausgefärbten Vogel.
- **einen fast** schwarzen Schnabel. Das Schwarz verschwindet nach kurzer Zeit.
- **bei Männchen** eine rosa bis blasslila Wachshaut, bei Weibchen oft leicht blau gefärbt, die Nasenlöcher sind weißlich umrandet.

SMART

Dream-Team

- **In Tierheimen** gibt es oft Wellensittiche, die vermittel werden sollen.
- **Häufig** sind darunter auch zahme Pärchen oder dicke Kumpels, die ihrem neuen Besitzer viel Freude bereiten.

Clever aussuchen

Wellensittiche können 15 Jahre alt werden. Da ist es einleuchtend, dass Sie die Auswahl der neuen Mitbewohner mit Bedacht erfolgen sollte. Nehmen Sie sich die Zeit, die Sie brauchen und beobachten Sie die Vögel ausgiebig.

Es gibt viele Möglichkeiten, wo Sie Ihre neuen Wellensittiche herbekommen. Sei es aus dem Zoofachhandel, einem Züchter, vom Tierschutz oder aus Privathand, Sie sollten stets darauf achten, dass die Vögel gut untergebracht und gepflegt sind. Verschmutzte Anlagen sind immer ein Warnsignal – lassen Sie dann am besten die Finger davon! Wellensittiche tragen den amtlich vorgeschriebenen Fußring, der über ihre Herkunft, das heißt den Züchter, Auskunft gibt. Ohne diesen Fußring dürfen sie nicht verkauft werden. Werden Sie auch stutzig, wenn man Sie nicht über die Haltungsanforderungen der Wellensittiche informiert und der Verkäufer Sie zu einer schnellen Entscheidung drängt. Ein gutes Zeichen ist es, wenn man Ihnen anbietet, auch nach dem Kauf beratend zur Seite zu stehen.

▸ **Gesund:** Zur ersten Prüfung entfernt man sich so weit vom Käfig, dass sich die Vögel ungestört verhalten. Dabei erkennt man einen kranken Sittich, der zuvor ängstlich sein Gefieder knapp an den Körper gelegt hat, deutlich: Die Augen sind nicht ganz geöffnet, die Federn werden gesträubt, der Vogel wirkt ausgesprochen schläfrig. Das Gefieder eines gesunden Wellensittichs muss dicht erscheinen. Lücken können auf Mangelerscheinungen und Parasitenbefall hinweisen.

①

2

◂ **Kontrolle I** Prüfen Sie den Ernährungszustand der Wellensittiche. Dazu muss zu beiden Seiten des Brustbeines der Brustmuskel deutlich fühlbar sein. Schauen Sie sich Augen und Schnabel an, dort darf es keinen Ausfluss geben. Bemerkt man dort hellgraue, krustenförmige Erhebungen, deutet dies auf einen Befall mit Räudemilben hin. Werfen Sie einen Blick auf die Kloakenöffnung, diese muss unbedingt sauber sein.

▸ **Kontrolle II** Weiter sollten noch die Beine kontrolliert werden, denn mitunter fehlt eine Kralle oder gar eine ganze Zehe. Das wäre kein großes Unglück, sondern höchstens ein Schönheitsfehler, solange der Vogel dadurch nicht eingeschränkt ist. Überprüfen Sie auch die im Ring eingravierte Jahreszahl – das Geburtsjahr – gerade beim Kauf eines hellen Männchens, dessen jugendliche Wachshautfärbung ein Leben lang erhalten bleibt.

3

4

◂ **Kontrolle III** Reibt der Vogel sich ständig mit dem Kopf an einem Ast oder juckt er sich dauernd, kann dies ebenfalls darauf hindeuten, dass er an einem Parasitenbefall leidet. Entdecken Sie in einer Voliere einen kranken Vogel, sollten Sie aus diesem Bestand keinen Wellensittich nehmen, er könnte sich bereits angesteckt haben, ohne dass er Anzeichen davon zeigt.

Aktiv im Team

22 Lebensraum für luftige Entdecker

26 Freundschaft schließen

30 Wellensittiche verstehen

32 Vergesellschaftung

34 Körner & Co.

38 Kleine Muntermacher

SPEZIAL 42 „Pfiffiger Sprachunterricht“

44 Wellensittich on tour

Lebensraum für luftige Entdecker

Der Käfig wird vermutlich der Platz sein, an dem Ihre Wellensittiche die meiste Zeit ihres Lebens verbringen – seine Größe, Einrichtung und sein Standort entscheiden wesentlich über das Wohlbefinden Ihrer Vögel.

Viel Raum für Abenteuer

Lassen Sie sich nicht zu sehr von bunten Farben und aufwändigen Verzierungen der angebotenen Modelle beeindrucken, denn es kommt ja in erster Linie auf Zweckmäßigkeit für Tier und Betreuer an. Täglicher Freiflug in der Wohnung muss sein (Seite 44), trotzdem sollte ein Käfig für zwei Tiere eine Grundfläche von 120 x 60 cm und eine Höhe von 100 cm besitzen, damit die Vögel auch darin etwas Bewegungsspielraum haben.

▸ Eine Zimmervoliere ist eine gute Alternative zum Käfig. Wählen Sie möglichst ein Modell mit Rollen aus. Dann können Sie die Voliere samt Vögeln bei Bedarf verschieben und in der warmen Jahreszeit zum Sonnen auf Terrasse oder Balkon schieben.

Eine abwechslungsreich eingerichtete Voliere bietet den Wellensittichen auch außerhalb des Freiflugs viel Abwechslung.

Wichtige Kriterien

Achten Sie darauf, dass die Gitterabstände eng genug sind, damit die Vögel nicht durchpassen und entweichen können. Die Verdrahtung sollte zumindest an zwei Seiten waagrecht sein, damit die gut und gern turnenden Wellensittiche an den Seitenwänden ihre Kletterübungen durchführen und auf diese Weise den Käfig besser ausnützen können. Einfach geformte Modelle mit senkrechten Wänden sind für die Tiere am besten geeignet und für Sie auch leichter zu säubern.

▸ Die Gitter sollten nicht mit Kunststoff ummantelt sein, einige Vögel knabbern gern daran, was bald unschön aussieht und, wenn sie etwas davon verschlucken, zu Erkrankungen führen kann.

▸ Sittichschnäbel zerlegen auch die kleinen Kunststoffklappen, mit denen bei manchen Käfigen die außen eingehängten Näpfe gesichert werden. Diesen Ärger erspart man sich bei der Wahl von Metallklappen.

▸ Türen sollten groß und genug vorhanden sein, damit Sie alle Stellen im Käfig problemlos erreichen können.

▸ Die Bodenschale des Käfigs sollte nicht nur aus einer einfachen Wanne bestehen, sondern eine ausziehbare Schublade besitzen. Ansonsten muss bei jeder Reinigung das Gitterteil aus der Schale herausgehoben werden – für findige Wellensittiche eine gute Gelegenheit, um zu entweichen.

Für die Gesundheit und die Fitness Ihrer Wellensittiche sind der Käfig, seine Einrichtung und dessen Standort besonders wichtig.

SMART

Freiluft-Spaß

› **Die robusten** Wellensittiche können auch ganzjährig in einer Außenvoliere wohnen.
› **Voraussetzungen** sind ein an die Voliere angebauter, beheizbarer Schutzraum, eine teilweise Überdachung, genügend Schattenplätze und die Sicherung gegen Raubtiere und Greifvögel.

Standort

Vögel brauchen gute, reine Luft. Im Vogelzimmer sollte es deswegen weder Rauch noch Küchendämpfe geben. Trockene Raumluft schadet den Wellensittichen nicht so sehr, schließlich sind sie ja ursprünglich in Gebieten mit geringer Luftfeuchtigkeit zu Hause. Befinden sie sich in einem ungeheizten Raum, sind sie auch damit zufrieden – plötzliche Temperaturschwankungen und Zugluft können aber zu gefährlichen Erkältungen führen. Für die Gesundheit der Vögel ist natürliches Tageslicht wichtig, direkte Sonne, z. B. am Fenster, darf aber nicht sein. Um den Sittichen Sicherheit zu geben, sollte der Käfig an einer Wand oder in einer Ecke stehen.

Zubehör

Komplettiert wird die Unterkunft Ihrer Sittiche durch die richtige Ausstattung.

Sitzstangen

Die mit den meisten Käfigen mitgelieferten Sitzstangen sind wegen ihres geringen Durchmessers für Ihre Vögel ungeeignet. Die aus Kunststoff gefertigten Sitzstangen lassen sich zwar leicht reinigen, doch bei der glatten Oberfläche kommt es wegen fehlender Abnützung zu übermäßigem Krallenwachstum. Tauschen Sie sie gegen natürliche Zweige aus. Diese federn etwas, wodurch die Gelenke der Wellensittiche geschont werden. Infrage kommen Zweige von Obstbäumen, Weide, Buche, Pappel, Erle oder Birke, die von den Vögeln gern benagt werden. Bringen Sie die Äste so an, dass die Vögel dazwischen etwas fliegen müssen und darunter befindliche Sprossen oder offene Futter- und Wassernäpfe nicht durch „Kotabwurf“ der Wellensittiche verunreinigt werden können.

Beim Beknabbern der Naturäste sind Ihre Wellensittiche nicht nur beschäftigt, sondern nehmen dabei wichtige Mineralien auf.

Futternäpfe und Wassertränke

In Futterautomaten bleiben die Körner schön sauber, doch einige Vögel picken sich nur ihre Lieblingskörner raus. Besser sind in das Gitter einhängbare Metallnäpfe, die sich leicht reinigen lassen. Für das Wasser sollten Sie Trinkautomaten verwenden. Kranke Vögel, die sich vorwiegend am Boden aufhalten, müssen natürlich dort ein Wasserschälchen und Futter vorfinden.

Feigen sind eine willkommene Abwechslung im Speiseplan.

Badehäuschen

Viele Wellensittiche lieben es, täglich im Wasser zu plantschen. Im Zoofachhandel bekommen Sie in der Größe für Wellensittiche passende Badewannen, die Sie in die Käfigtür einhängen können. Nehmen Ihre Vögel diese nicht an, sollten Sie sie täglich mit einer Wasserspritze besprühen.

Vogelsand

Der Boden wird mit einer dünnen Lage Sand versehen. Dieser soll nicht nur den Kot etwas binden, sondern er ist für alle Körner fressenden Vögel als Verdauungshilfe von Bedeutung (Seite 35). Von den verschiedenen im Handel angebotenen Sorten ist der Flussvogelsand am ehesten zu empfehlen. Nicht zu empfehlen sind mit Sand beklebte Papiereinlagen für den Käfigboden, von diesen können die Wellensittiche sich nicht mit dem nötigen Sand bedienen. Ebenfalls nicht für Ihre Vögel geeignet sind Sandpapierumhüllungen für die Sitzstangen. Diese können zu schweren Reizungen und in der Folge Entzündungen an den Zehen führen.

SMART

Ganz natürlich

- **Nehmen Sie** sich bei der Einrichtung des Käfigs die Natur zum Vorbild.
- **Sitzstangen** können belaubt und sollten unterschiedlich dick sein, damit die Vogelzehen sie nicht ganz umfassen können.
- **Einen Wippeffekt** bieten die Stangen, wenn Sie sie nur mit einer Seite am Gitter befestigen.

Freundschaft schließen

Für den Transport nach Hause wird der Zoofachhändler Ihre Sittiche in einer kleinen Pappschachtel unterbringen. Wenn Sie sich stattdessen aber eine spezielle Transportbox kaufen, können Sie sie für den Heimweg und einen eventuellen Transport zum Tierarzt nutzen. Machen Sie sich auf dem direkten Weg nach Hause und achten Sie darauf, die Vögel weder Hitze, praller Sonne, Kälte noch Zugluft auszusetzen.

Die Zeit der Eingewöhnung

Es ist wünschenswert, dass der Käfig bereits fertig eingerichtet bereitsteht. Jetzt brauchen Sie nur noch Futter und Wasser hineinzugeben – zur Sicherheit sollten Sie in den ersten Tagen etwas Futter auf den Boden streuen und an einigen Stellen im Käfig Kolbenhirse aufhängen. Nun können Ihre neuen Freunde ihre Wohnung beziehen.

- Bedenken Sie, wie Ihnen zu Mute wäre, wenn Sie in eine neue Umgebung kommen, wo Ihnen alles fremd ist und Sie sich unsicher fühlen. Genauso geht es Ihren Wellensittichen! Sie mussten eine mehr oder weniger lange Zeit in einem Transportbehälter verbringen, ohne zu wissen, wohin es geht. Und nun kommen sie schon wieder in eine neue Situation, mit der sie sich vertraut machen müssen. Gönnen Sie ihnen nun etwas Ruhe.
- Stellen Sie das Transportkistchen auf den Boden des Käfigs, die Wellensittiche sollen von selbst nach ihren ersten Erkundungen heraus hüpfen. Auch wenn die Neuankömmlinge nicht sogleich die Transportkiste verlassen, dürfen Sie nicht ungeduldig werden.
- Ein einzelner Sittich, dem erst später ein Partner zugesellt werden soll, wird nun ein paar Tage ruhig herumsitzen, denn er verkraftet es nicht so leicht, plötzlich von seinen Artgenossen getrennt zu sein. Haben Sie aber gleichzeitig zwei Tiere mit nach Hause gebracht, zei-

Verhaltensregeln in den ersten Tagen

Beschränken Sie sich nur auf die nötigsten Arbeiten am Vogelheim: Geben Sie Futter, frisches Wasser, nehmen Sie Frischfutterreste vom Vortag raus und tauschen Sie das Wasser in der Badewanne aus.

So schwer es auch fällt und alle Familienmitglieder die neuen Hausgenossen willkommen heißen wollen – Zurückhaltung ist in den ersten Tagen wichtig, damit die Wellensittiche sich in Ruhe orientieren können.

Reden Sie immer freundlich mit den Vögeln, um sie mit Ihrer Stimme vetraut zu machen.

Achten Sie darauf, dass es im Umfeld des Käfigs nicht laut und hektisch zugeht und andere Haustiere die Vögel nicht belästigen und ihnen Angst machen.

Liebevolle Beschäftigung und Geduld sind die Schlüssel, um die Herzen und die Zuneigung Ihrer Wellensittiche zu erobern.

gen sie sich schon bald wieder in ihrer üblichen Munterkeit. Trotzdem dürfen Sie die Vögel nicht bedrängen, das würde sie noch mehr erschrecken und die Vertrauensbildung erschweren.

▸ Wenn die Neulinge dann einmal „aufgetaut“ sind, können Sie die ersten Kontakte mit ihnen aufnehmen. Wer damit zufrieden ist, seine Vögel z. B. in einer großen Gartenvoliere einfach nur zu beobachten, braucht sich jetzt nicht weiter um sie zu bemühen. Er versorgt seine Tiere einfach mit dem, was sie brauchen, lässt sie aber ansonsten in Ruhe.

Vertrauen aufbauen

Die meisten Wellensittichbesitzer wünschen sich aber sicher zahme Hausgenossen. Wenn Sie dies erreichen wollen, sollten Sie zuerst einen Vogel bei sich aufnehmen und den anderen etwa zwei Wochen später nachholen, alternativ mit jedem der Wellensittiche getrennt beschäftigen.

▸ Einschmeichelnde Worte sind die beste Möglichkeit, um das Zutrauen Ihrer Wellensittiche zu gewinnen. Wann immer Sie sich dem Vogelheim nähern, sollten Sie leise und freundlich zu ihren gefiederten Untermietern sprechen.

SMART

Freundschaftsgeste

› **Geschenke** erhalten die Freundschaft und sind oft der erste Schritt.
› **Bieten** Sie den Vögeln Leckerbissen, wie ein Stück Apfel oder Kolbenhirse durch das Gitter an, um Freundschaft mit ihnen zu schließen.

Umgangsregeln im Miteinander

Wellensittiche sind Fluchttiere und in ihrem natürlichen Lebensraum vielen Feinden ausgesetzt. Vorsicht ist also die Überlebensstrategie der flinken Vögel. Darauf müssen Sie im täglichen Umgang mit Ihnen immer Rücksicht nehmen.

Die Scheu vor der menschlichen Hand

Wer von Anfang an Wert auf einen engeren Kontakt legt, wird versuchen, das Vertrauen seines gefiederten Freundes zu gewinnen. Vor allem muss der Vogel seine Scheu vor der menschlichen Hand verlieren, die ihn durch das Greifen zuerst einmal an einen Feind erinnert. Vielleicht finden Sie beim Stöbern in älterer Literatur den Rat, einige Schwungfedern zu stutzen, damit die Vögel eher zahm werden. Vergessen Sie dies bitte sofort wieder – es ist keinesfalls ein Weg, sich mit einem Wellensittich anzufreunden!

▸ Der beste Weg führt immer über das Futter. Man hält dem Sittich etwas, das er gerne frisst, mit der Hand erst durch das Gitter und später im Käfig hin, z. B. ein Stückchen Kolbenhirse oder ein Salatblatt. Er wird sich bald interessiert hinwenden, vorerst aber noch nicht den Mut haben, um sich diesen Leckerbissen aus der Hand zu holen. Doch wenn Sie ihm Tag für Tag geduldig auf diese Art ein Stück Futter hinhalten und dabei freundlich zu ihm sprechen, wird er auf die Hand steigen. Zuerst wird er dabei sehr zögern, aber bald ganz selbstverständlich auf die hingehaltene Hand springen. Ab diesem Zeitpunkt können Sie auch versuchen, den Sittich frei im Zimmer fliegen zu lassen.

Nachtruhe

Jede Aktivität Ihrer Sittiche ist mit Lautäußerungen verbunden, über die sich vor allem im Sommer bei frühem Tagesbeginn nicht jedermann freut. Doch dies lässt sich steuern, indem man den Käfig abends einfach mit einem dunklen

Urlaubsbetreuung

Während Ihres Urlaubs sind Ihre Wellensittiche am besten in ihrem gewohntem Umfeld aufgehoben.

Kümmern Sie sich bereits einige Zeit vor Ihrem Urlaub um eine vertrauenswürdige Vetretung, die sich in Ihrer Abwesenheit um die Vögel kümmert.

Weisen Sie die Urlaubsvertretung ausgiebig in die Pflege der Wellensittiche ein und hinterlassen Sie wichtige Anweisungen am besten schriftlich sowie Ihre Urlaubstelefonnummer und die des Tierarztes.

Reinigen Sie das Vogelheim vor Ihrer Abreise noch einmal gründlich und lassen Sie dem Vogelsitter einen ausreichenden Futtervorrat da.

Auch Wellensittiche müssen sich im Umgang miteinander an Regeln halten, damit sie von ihren Artgenossen akzeptiert werden.

Tuch zudeckt. Sobald man es in der Frühe entfernt, ist der Sittich „eingeschaltet" und beginnt sein täglich munteres Treiben. Zahme Vögel richten sich vielfach nach dem Tagesrhythmus ihres Besitzers und sind solange still, bis dieser aus den Federn kriecht. Manche Vögel fühlen sich aber unter dem Tuch nicht wohl, regulieren Sie die Helligkeit dann besser durch abgedunkelte Räume. Wie auch immer, Sie müssen darauf achten, dass Wellensittiche nach zwölf Stunden Aktivität eine ebenso lange Nachtruhe genießen können. Steht der Käfig im Wohnzimmer, wo vielleicht noch bis Mitternacht ein Fernsehgerät bunte Lichtreize produziert, muss er zugedeckt werden. Stimmen und Musik in Zimmerlautstärke stören die Vögel weniger. Auch im Freien ist der Tagesablauf der Wellensittiche streng geregelt und wird durch die Morgen- und Abenddämmerung gesteuert. So steht nach dem morgendlichen Flügelstrecken und der Gefiederpflege die Nahrungsaufnahme auf dem Programm.

SMART

Orientierungsphase

- **Vor dem ersten Freilfug** sollten Ihre Wellensittiche zwei bis drei Wochen im Vogelheim bleiben.
- **Sie ersparen** sich und den Vögeln dadurch unnötige Jagden, weil die noch scheuen Tiere nicht von selbst in den Käfig zurückkommen.
- **Zudem** nutzen Ihre Wellensittiche in dieser Zeit die Gelegenheit, sich das Zimmer in aller Ruhe einzuprägen, um sich zu orientieren.

Wellensittiche verstehen

Wellensittiche haben eine ausgefeilte Körper- und Lautsprache entwickelt, um sich mit ihren Artgenossen zu verständigen – ihr Sozialsystem ist sehr komplex.

Verhalten

Wenn Sie sich täglich mit Ihren Wellensittichen beschäftigen, ist Ihnen bestimmt schon aufgefallen, dass sie je nach Situation eine andere Körperhaltung einnehmen oder sich anders verhalten. Besonders ist diese Körpersprache zu beobachten, wenn zwei oder mehr Wellensittiche zusammenleben.

- **Schlafende** Wellensittiche stecken ihr Köpfchen in das Rückengefieder. Dabei wird abwechselnd ein Fuß hochgezogen – eine Glanzleistung ihres ausgeprägten Gleichgewichtssinns.
- **Nach dem Schlafen** werden Muskeln und Kreislauf durch Dehnübungen auf Trab gebracht. Sie recken Beine und Flügel und schütteln sich ausgiebig – dabei wird auch gleichzeitig das Gefieder gereinigt.
- **Der Schnabel** wird nach dem Fressen an einer Sitzstange gerieben, um ihn zu reinigen – ständiges Reiben kann aber auf Parasitenbefall hinweisen. Es wird auch noch diskutiert, ob dieses Verhalten manchmal eine Verlegensheitsgeste (Übersprungshandlung) ist.
- **Ihre Körpertemperatur** regulieren die Wellensittiche mit ihrem Gefieder. Ist ihnen kalt, wird es aufgeplustert, dadurch entsteht eine isolierende Luftschicht, die die Wärme hält. Ist den Vögeln hingegen zu warm, spreizen sie ihre Flügel ab – das schafft Kühlung.

Kinder können sich ab etwa zwölf Jahren um ihre Wellensittiche kümmern, zusammen mit ihren Eltern aber auch schon früher.

Typisch für die munteren Wellensittiche sind ihre Neugier und ihr „Drang", alle interessanten Gegenstände anzuknabbern.

Verhalten mit Artgenossen

Wie andere in Gemeinschaft lebende Tiere haben auch Wellensittiche eine eigene „Sprache" entwickelt.

▸ Pärchen gehen besonders liebevoll miteinander um und verbringen täglich viel Zeit mit kleinen „Freundschaftsgesten", um ihre Bindung zu stärken. Dazu gehört auch das gegenseitige Kraulen. Wenn ein Wellensittich seinem Partner das Köpfchen leicht geneigt entgegenstreckt, bittet er darum, gekrault zu werden. Ein besonderes Zeichen der Zuneigung ist das gegenseitige Füttern.

▸ Streit kommt in den besten Familien vor und auch bei einer friedlichen Wellensittichgruppe ist manchmal ein „ernstes Wort" notwendig. Solch eine meist harmlose Auseinandersetzung kann in unterschiedlichen Abstufungen geführt werden, je nachdem, wie schnell der Kontrahent sich in die Schranken weisen lässt. Reichen weder eine entschlossene Körperhaltung noch ein eindringlicher Drohlaut dazu aus, wird der Schnabel drohend eingesetzt, selten wird dabei aber tatsächlich ein Vogel verletzt, da der Unterlegene meist das Weite sucht. Deswegen ist es so wichtig, dass die Vögel viel Platz zur Verfügung haben, um sich bei einer Auseinandersetzung aus dem Weg gehen zu können.

▸ Die Lautsprache hat ebenfalls einen hohen Stellenwert im Sittichalltag. So warnt z. B. ein greller Schrei vor Gefahren und mit eindringlichen Rufen werden Artgenossen kontaktiert.

SMART

Artübergreifend

- **Körper- und Lautsprache** von Wellensittichen sind nicht auf Artgenossen beschränkt, sondern werden auch Menschen gegenüber gezeigt.
- **Ihre Vögel** geben Ihnen damit wichtige Hinweise, ob es ihnen an etwas fehlt oder sie zufrieden sind. Sehr zahme Tiere wollen z. B. auch von ihren Menschen gekrault werden.

Vergesellschaftung

Auch älteren Wellensittichen kann häufig noch ein Partner zugesellt werden, dann ist aber vielleicht mehr Geduld notwendig.

Für einen Vogelfreund gibt kaum etwas Schöneres, als zwei oder mehr Wellensittiche dabei zu beobachten, wie sie miteinander umgehen, sich gegenzeitig putzen, kuscheln oder auch miteinander zetern.

Vogelfreunde

Deswegen ist es immer ein freudiges Ereignis, wenn ein zweiter Vogel einzieht. Am besten geht es meist, wenn der Neuzugang noch jung ist, vielleicht entwickelt sein älterer Artgenosse dann „familiäre" Instinkte und füttert ihn sogar. Legen Sie Wert auf zahme Hausgenossen, sollten Sie sich zuerst solange intensiv mit dem neuen Wellensittich beschäftigen, bis er Vertrauen zu ihnen gefasst hat und die Vögel erst danach einander vorstellen.

▸ Kennen lernen sollten die Vögel sich erst einmal auf Distanz, jeder in seinem eigenen Käfig, die nebeneinander stehen. Der erste richtige Kontakt sollte dann beim Freiflug stattfinden. Etwa eine Woche lang sollten die Vögel sich nur beim

Wellen- und Nymphensittiche vertragen sich meist gut, wenn sie in einer großen Voliere leben oder sich beim Freiflug begegnen.

Freiflug begegnen. Vertragen Sie sich gut, können die Wellensittiche gemeinsam in den Käfig einziehen. Kommt es dabei allerdings zum Streit, sollten Sie wieder von vorn beginnen.

▸ Problematisch kann die Vergesellschaftung bei Vögeln werden, die lange Zeit allein gelebt haben und sehr auf den Menschen geprägt sind. Der Artgenosse wird von diesen dann vielleicht als Konkurrent gesehen. Dann sollten Sie sich Unterstützung von einem Fachmann holen.

Hund und Katze

Von normal geprägten Wellensittichen geht selten eine Gefahr für andere Haustiere aus. Obwohl immer wieder von Freundschaften zwischen unterschiedlichsten Tierarten berichtet wird, ist doch Vorsicht angebracht. Besonders Hunde und Katzen können den Piepmätzen Schaden zufügen. Gut erzogene Hunde können zwar lernen, die Vögel zu tolerieren oder zu ignorieren, trotzdem sollte der Vierbeiner immer unter Aufsicht sein, wenn der Vogel fliegt. Dies gilt erst recht für Katzen, die häufig auch die Gelegenheit nutzen, die Vögel im Käfig zu „belästigen".

SMART

Vogelfreunde

› **Die friedlichen** Wellensittiche vertragen sich in einer großen Voliere auch gut mit anderen Sittichen, z. B. Nymphen- oder Ziegensittichen.
› **Agaporniden** passen zwar in der Größe, sind aber unverträglich.

Körner & Co.

In ihrer australischen Heimat nehmen die Wellensittiche in erster Linie verschiedene Grassamen in den unterschiedlichen Reifestadien auf. Noch begehrter als die harten, trockenen Samen sind die noch grünen und milchig weichen, halbreifen Körner. Gibt es diese nicht, sind die genügsamen Sittiche auch mit den harten Sämereien zufrieden.

Kopfstand an der leckeren Kolbenhirse – kein Problem, so hält man sich auch beim Futtern fit.

Bewährte Körnermischungen

Das im Handel erhältliche Wellensittichfutter besteht zum größten Teil ebenfalls aus Grassamen, denn die Hirse – der Hauptbestandteil – zählt ja auch zu den Gräsern. Den höchsten Anteil in den meisten Mischungen hat die gelbliche Platahirse. Dazwischen finden sich – eigentlich nur als bunter Aufputz, denn die Sittiche mögen diese Körner gar nicht so sehr – die roten Körnchen der Dakotahirse. Die etwas länglichen, glänzenden Körnchen sind Glanzsamen (auch unter dem Namen Spitzsaat bekannt). Ferner ist meist etwas geschälter Hafer und manchmal etwas Nigersaat in den Mischungen enthalten. Dazu kommen vielfach noch Jodkörnchen.

▸ Zum Aufbessern dieses Sittichfutters können Sie allenfalls den Anteil an Glanzsamen etwas erhöhen. Mit etwas ungeschältem Hafer, den man am besten in einem eigenen Napf reicht, sorgt man für zusätzliche Beschäftigung seiner Vögel.

▸ Solange keine Leckerbissen locken, ist der Sittich mit diesen Sämereien zufrieden. Er holt mit dem Schnabel Korn für Korn aus dem Napf, enthülst es und lässt die leere Hülle zurück in den Napf fallen. Schließlich ist dieser mit leeren Hülsen bedeckt, doch der Wellensittich versucht nicht, an die darunter liegenden Körner zu gelangen. So könnte bei flüchtigem Hinsehen der Eindruck entstehen, dass sich noch genug Futter im Schälchen befindet. Pusten Sie die leeren Hülsen über dem Mülleimer weg, damit der Vogel an restlichen Sämereien gelangt.

Kolbenhirse und weitere Leckereien

Besonders gern picken Wellensittiche nach Art ihrer frei lebenden Artgenossen die Körner vom natürlichen Fruchtstand herunter. Kolbenhirse – ganz gleich, ob rotbraun oder gelb – und Rispenhirse sind jedenfalls beliebter als Körner, die im Napf angeboten werden. Auch für kranke Vögel ist diese gesund (Seite 55).

Körner sind die Grundlage des Wellensittichspeiseplans. Achten Sie darauf, dass die Vögel nicht nur ihre Lieblingssorte herauspicken.

▸ Leckerbissen werden im Handel in großer Fülle für Sittiche angeboten, wie etwa Kräcker, Glocken, Herzen oder Futterblöcke. Daran wird gerne geknabbert. Wesentlich ist dabei, dass die Tiere eine zusätzliche Beschäftigungsmöglichkeit bekommen, denn Wellensittiche leiden ja wie viele andere Tiere in Menschenobhut unter Langeweile. Trotzdem sollte diese Leckerbissen die Ausnahme bleiben, da sie viel Energie enthalten, als Belohnung besser Obst geben.

Kalk, Sand, Wasser

Auch Mineralstoffe sind für Wellensittiche von Bedeutung. Kalk und Phosphor sind besonders wichtig. Manche Sittiche haben sichtlich Vergnügen daran, Kalksteine oder Sepiaschalen zu zerlegen. Zusätzlich zum Spaß nutzen sie so auch noch auf natürliche Weise ihren Schnabel ab. Um trotzdem nicht allzu viele Kalksteine kaufen zu müssen, können Sie jeden Tag ein kleines Stückchen in den Futternapf geben.

▸ Gritsteinchen sind für Wellensittiche umerlässlich, um Körner zu verdauen. Deswegen nehmen Sie gelegentlich Steinchen oder Sandkörnchen auf. Diese helfen im Muskelmagen, die Körner zu zerreiben, dies geschieht durch Bewegungen der Magenwand, die bei Körnerfressern wie den Wellensittichen besonders gut ausgebildet ist. Die Gritsteinchen können Sie auch in einem Napf anbieten.

▸ Frisches Wasser muss ihren Vögeln immer zur Verfügung stehen – am besten in einer speziellen Tränke, darin bleibt es sauber.

Frisch und knackig

Wenn sich Sittichen die Gelegenheit bietet, bereichern sie ihre Mahlzeiten auch mit Frischkost, das versorgt sie mit wichtigen Vitaminen.

Erdbeeren sollten nur aus der Hand angeboten werden. Werden sie im Napf gereicht, können sie sehr schnell schimmeln.

Frischkost

Grünkost gehört regelmäßig auf den Speisezettel. Gerne gefressen wird die in jedem Garten als „Unkraut" wuchernde Vogelmiere oder ein Stück sauberes Salatblatt. Sehr beliebt z. B. auch junge Löwenzahnblätter, -blüten und halbreife Samenstände, Petersilie, Rispengras, Hirtentäschelkraut und Sauerampfer. Die im Zoofachhandel erhältlichen Keimtöpfe versorgen die Vögel zusätzlich mit frischem Grün. Ferner kann man den Sittichen ein Stück Apfel oder Karotte anbieten, andere mögen vielleicht lieber Birne, Kiwi, Melone, Orangen, Mandarinen, Trauben, Johannisbeeren, Kirschen oder Erdbeeren.

▸ Das Frischfutter muss immer optimale Qualität haben. Gekauftes Obst und Gemüse müssen gewaschen und nötigenfalls geschält werden, selbst gesammeltes darf nicht an viel befahrenen Straßen oder Industrieanlagen gesucht werden, dort ist die Schadstoffbelastung zu hoch. Sie müssen auch darauf achten, dass es nicht mit Hunde- oder Vogelkot verschmutzt ist. Ganz wichtig: Frischfutter darf nicht schimmelig oder faulig sind, das kann Krankheiten verursachen.

▸ Vitaminpräparate können bei Krankheiten, in der Mauser oder der Brut und Jungenaufzucht wertvolle Dienste leisten, ersetzen aber die Fütterung mit Frischfutter nicht. Fragen Sie dazu Ihren Tierarzt.

Petersilie enthält viele Vitamine, daran bedienen Ihre Wellensittich sich auch beim Freiflug gern – aber bitte langsam daran gewöhnen.

Keimfutter

Wenn Sie Ihren Vögeln eine besondere Freude bereiten und sie gleichzeitig auf einfache Weise mit Vitaminen versorgen wollen, können Sie ihnen angekeimtes Körnerfutter anbieten. Die Samenkörnchen sind dann nicht nur weicher, sondern wenn der Keim durchbricht, besonders gehaltvoll. Wer Sittiche züchtet, hat auf diese Weise ein gutes Aufzuchtfutter zur Verfügung. Der einzige Nachteil: Keimfutter hält sich nicht lange, bei warmem Wetter beginnt es nach ein paar Stunden zu säuern und ist dann schädlich. Die Näpfe müssen täglich gut gereinigt werden.

▸ Legen Sie pro Vogel etwa einen Esslöffel Körner in ein Sieb und spülen Sie dies gründlich unter fließendem Wasser. Stellen Sie das Sieb etwa fünf Stunden mit den Körnern in eine wassergefüllte Schüssel, damit sie sich vollsaugen können, dann wieder gründlich abspülen. Hängen Sie nun das Sieb in eine leere Schüssel und decken Sie sie mit einem Tuch ab. Spülen Sie die Körner täglich mindestens einmal unter Wasser ab – je höher die Umgebungstemperatur, desto öfter müssen Sie dies tun. Sie können die Körner anbieten, wenn sich Keime entwickelt haben.

SMART

Selbst angebaut

› **Sittichfutter** und Hirse können Sie im Mai nach den letzten Nachtfrösten im Garten oder einem Topf aussäen.

› **Im Juli oder August** zeigen sich dann die grünen Samenstände – ein echter Leckerbissen.

Wie viel darf's sein?

Der Stoffwechsel von Vögeln ist nicht darauf ausgerichtet, Diät zu halten – sie dürfen also keinen Hunger leiden. Geben Sie ihnen immer so viel Körner, dass am nächsten Tag noch etwas übrig ist. Auch beim Frischfutter gibt es kein Limit, an ungewohnte Sorten müssen die Wellensittiche lediglich langsam gewöhnt werden.

Kleine Muntermacher

Im Vergleich zum Freileben in der Natur ist der Alltag unserer Sittiche langweilig. Auch sind in der Natur die Wegstrecken zu den Futterplätzen und zur Tränke mitunter sehr lang und beanspruchen meist viel Zeit. Und vom Morgen bis zum Abend müssen die Sittiche ständig auf der Hut sein, ob nicht ein Greifvogel oder eine Schlange begehrlich auf sie lauert. Dies alles entfällt für die als Heimtier gehaltenen Vögel, ja man möchte sogar meinen, dass die Sittiche unter diesen Umständen sorgenfreier leben können als in Freiheit. Tatsache ist, dass sie als Heimtiere wesentlich mehr „Freizeit" haben.

Brauchen Wellensittiche Spielzeug?

Für den Wellensittich ist das Allerwichtigste der Gefährte. Von ihm kommen die Anregungen zur Aktivität, mit ihm befasst er sich allein schon bei der gegenseitigen Gefiederpflege so manche Stunde am Tag. So unerlässlich der Artgenosse für einen Wellensittich ist, nur mit ihm allein ohne jegliche zusätzliche Anregung ist so ein cleveres Tierchen nicht ausgelastet. Sie müssen also für Beschäftigung sorgen, damit keine Langeweile entsteht. Und dazu brauchen Sie geeignetes Spielzeug.

- **Äste und Zweige** zum Klettern und Anknabbern lassen sich in einem Käfig nur wenig anbringen, schließlich soll die Unterkunft nicht „vollgestopft" werden. Trotzdem können Sie einige zusätzlich zu den Sitzstangen im Vogelheim befestigen, z. B. Platz sparend senkrecht am Gitter. Noch mehr Spaß haben Ihre Vögel, wenn die Äste belaubt sind.
- **Ein Kletterbaum** kann deswegen zum Ausgleich beim Freiflug im Zimmer angeboten werden. Das ist ein kräftiger Ast mit vielen Verzweigungen von einem Obstbaum, einer Linde oder Birke, der in einem größeren Blumentopf oder einem Weihnachtsbaumständer befestigt und rasch zum beliebten Aufenthaltsort wird, besonders, wenn Sie auch

Rätselspaß für Schlaumeier: Dieser Wellensittich muss erst eine Aufgabe lösen, bevor er die begehrte Kolbenhirse bekommt.

Obst im Napf ist keine Herausforderung und langweilig. Es macht mehr Spaß, den Apfel kopfüber Stück für Stück zu erobern.

noch Schaukeln, Ringe, andere Spielzeuge und Kolbenhirse daran befestigen.

▸ Sittichspielplätze aus dem Zoofachhandel, auf denen Klettersprossen, Leitern und Schaukeln angebracht sind, bieten ebenfalls Abwechslung und können sogar in einem großen Käfig aufgestellt werden.

▸ Eine Schaukel oder ein Ring im Käfig dient durch die beim Landen notwendigen Ausgleichsbewegungen der Körpergymnastik.

Ungeeignetes Spielzeug

Achten Sie bei der Auswahl der Spielsachen darauf, dass diese den Vögeln nicht gefährlich werden können. Die neugierigen Wellensittiche knabbern gern alle möglichen Sachen mit ihrem relativ kräftigen Schnabel an und wenn sie dabei Plastik aufnehmen, kann das gefährlich werden. Am schönsten sind immer noch natürliche Materialien. Doch auch diese können ihre Tücken haben. Prüfen Sie deswegen regelmäßig z. B. bei Sisalseilen, ob sich einzelne Fäden gelöst haben: Diese können sich um Gließmaßen eines Wellensittichs wickeln und diese abschnüren.

▸ Falsche Freunde, wie die noch immer angebotenen Spielpüppchen aus Kunststoff als Ersatz für den echten Artgenossen, sind für die Vögel ungeeignet. Stellen Sie sich aber einmal vor, wie frustrierend es für einen so sozialen Vogel wie den Wellensittich sein muss, wenn sein „Partner“ keinerlei Reaktion zeigt. Genauso „arm dran“ ist der einzeln gehaltene Vogel, der seinen Partner vergeblich in einem Spiegel zu finden sucht.

Fit mit fun

Holzringe sind oft sehr beliebt und einige Vögel schaukeln wild damit.

Die Papageienartigen zählen zu den intelligentesten Vögeln und wenn Sie sich intensiv mit Ihren pfiffigen Untermietern beschäftigen, bleibt es Ihnen sicher nicht verborgen, dass die aufgeweckten Kerlchen ganz schön clever sind.

Spielideen für Schlauberger

Wellensittiche in Australien verbringen täglich viel Zeit mit der Futtersuche und müssen sich dabei oft ganz schön anstrengen, um an ihre Nahrung zu gelangen.

- **Lustige Futterspiele** sind eine tolle Möglichkeit, um die munteren Gesellen artgerecht zu beschäftigen. Das macht nicht nur den Vögeln Spaß, sondern fordert auch Ihre Phantasie, um sich immer einmal wieder etwas Neues einfallen zu lassen.
- **Obst** sollten Sie z. B. nicht klein schneiden und schnabelgerecht im Napf servieren. Statt dessen können Sie größere Stücke in die Gitter stecken, damit die Vögel daran knabbern können. Im Zoofachhandel gibt es auch praktische Obsthalter. Mit diesen können Sie das Frischfutter an die Gitter hängen oder von der Decke oder einem Zweig baumeln lassen. Ihre Wellensittiche müssen dabei ihre ganze Geschicklichkeit unter Beweis stellen, um an die guten Stücke zu gelangen.
- **Karotten** stehen bei vielen Sittichen ganz hoch im Kurs. Das Gute daran ist, dass sie wirklich viel knabbern müssen und lange beschäftigt sind, um ihre Ration von dem Gemüse zu bekommen. Das nutzt auch den Schnabel auf natürliche und unterhaltsame Weise ab.
- **Kolbenhirse** ist eine gesunde Beschäftigungsmöglichkeit – jedes Korn muss einzeln herausgepickt werden, und manchmal müssen die Vögel ihr akrobatisches Talent zeigen und den einen oder anderen Kopfstand machen, um auch die unteren Körner zu bekommen.
- **Versteckspiele** sind besonders anspruchsvoll. Dabei wird das Futter, sehr gut geeignet dafür ist ebenfalls Kolbenhirse, z. B. unter einem Stück weißem Toiletten- oder Küchenpapier versteckt und die Wellensittiche müssen sich eine Strategie überlegen, wie sie

an die begehrten Körner kommen (Foto Seite 38). Achten Sie aber darauf, dass die Vögel auch satt werden, denn Hunger dürfen sie nicht leiden. Sie können auch kleine Stücke Kolbenhirse in einem Schächtelchen verstecken, das mit Papierschnipseln gefüllt ist – zeigen Sie Ihren Sittichen vorher, dass es dort etwas gibt. Ist ein Vogel nicht sonderlich begabt dafür, überlegen Sie sich eine andere Beschäftigung für ihn.

▸ **Kleine Tricks** lassen sich auch oft mit Futter als Belohnung erreichen. Dann können Sie Ihre Wellensittiche – einen nach dem anderen – vielleicht dazu bringen, durch einen Holzreifen zu hüpfen, auf ein Holzklötzchen zu springen, um die Belohnung abzuholen.

Kolbenhirse steht auf der Hitliste der Beschäftigungsmöglichkeiten ganz oben – schon das Fressen wird damit zur Ausdauerübung.

Neugierige Gesellen

Besonders fasziniert sind viele Wellensittiche von glänzenden Dingen. Solange diese nicht als Ersatzpartner dienen. Ist dagegen nichts einzuwenden. So kann schon das Spiegelbild in einem Löffel Neugier wecken.

▸ **Kleinteile** sind oft eine prima Beschäftigungsmöglichkeit. Bereits ein kleiner Kieselstein, eine Münze, eine größere Büroklammer, ein Ring oder eine kleine Glocke reichen aus, um die Wellensittiche in ihren Bann zu ziehen. Mit dem Schnabel werden diese Gegenstände ausgiebig untersucht. Achten Sie aber darauf, dass die Vögel keine spitzen, scharfkantigen oder andere Dinge erwischen, die ihnen gefährlich werden können.

SMART

Gemeinsam etwas unternehmen

› **Zahme Wellensittiche** haben oft großen Spaß daran, ihre Menschen zu begleiten, wenn sie Freiflug haben (Seite 44).

› **Auf dem Kopf** oder der Schulder sitzend beobachten sie dann ganz genau, was Sie machen.

› **Gern lesen** sie z. B. gemeinsam mit Ihnen die Zeitung und zerrupfen diese anschließend.

› **Laufende Wasserhähne** sind oft eine spannende Angelegenheit und die Vögel nehmen gerne eine Dusche in der Spüle.

Pfiffiger Sprachunterricht

Wellensittiche können zwar nicht tatsächlich verstehen, was wir ihnen sagen, doch manche können z. B. das Klingeln des Telefons mit dem Wort „Hallo“ verbinden und einige der aufgeweckten Vögel sprechen das sogar nach.

Von jedem Vogel aus der großen Gruppe der Papageien erwartet man, dass er auch „sprechbegabt“ ist. Der Wellensittich gehört jedenfalls zu den talentiertesten „Sprechern“ und kann seinen größeren Sittichkollegen oft noch etwas vormachen. Doch nicht jeder Wellensittich kann sprechen. Sehen Sie den Unterricht einfach als eine schöne Möglichkeit, sich mit den Vögeln zu beschäftigen, selbst wenn sich Ihr Schüler nicht als Sprachgenie herausstellen sollte.

1 ◂ Atmosphäre: Vertrauen ist die Basis, damit Ihre Wellensittiche sprechen lernen. Eine weitere Voraussetzung ist ein Alter von zwei bis drei Monaten. Wenn Sie mit den Vögeln – einzeln – üben, sollten Sie jede Ablenkung vermeiden, damit die Schüler sich ganz auf Sie konzentrieren.

1

◂ **Früh übt sich** Schon zu Beginn der näheren Bekanntschaft mit den anfangs noch im Käfig sitzendenen Vögeln kann und soll man mit ruhiger Stimme mit ihnen reden und dabei immer wieder ihren Namen nennen. Sobald sie dann ganz zahm sind und gern auf dem Finger sitzen, fängt man mit dem planmäßigen Unterricht an. Die beste Zeit, um die gewünschten Worte immer wieder vorzusagen, ist die Abenddämmerung. Dabei sollten Sie mit nur einem Wort anfangen. Wählen Sie am besten Worte mit Zischlauten und den Vokalen „i" und „e" aus, da diese erfahrungsgemäß besonders gut von den Vögeln nachgeahmt werden.

3

▴ **Talent** Ob und wie schnell die einzeln unterrichteten Wellensittiche Ihre Worte nachsprechen, hängt von der individuellen Begabung des Vogels ab. In der Regel zeigt sich aber oft schon nach zwei Wochen der Erfolg des Trainings. Und als kleine Zugabe geben dann manche Sittiche „außer Programm" Verschiedenes von sich, das sie sich selbst angeeignet haben – das können Worte sein, die sie öfter und in bestimmten Situationen hören oder auch das Pfeifen eines Spatzes, der im Garten wohnt. Bis zu ihrem dritten Lebensjahr können Wellensittiche ihr Sprachrepertoire erweitern, das – wie manche behaupten – über hundert Worte umfassen kann.

2

▸ **Lehrmeister** Zu zweit oder in noch größerer Zahl gehaltene Wellensittiche sprechen seltener als ihre allein gehaltenen Artgenossen. Doch auch bei zweien können sich einer oder beide als wahre Sprechtalente entpuppen, dazu sind aber viel Geduld und Zuwendung notwendig. Die Freude an einer möglichen Sprechbegabung eines Vogels sollte einen echten Wellensittichfreund jedoch nicht dazu bringen, seinem gefiederten Freund den Artgenossen vorzuenthalten. Manchmal gibt ein älterer Vogel sein Wissen an einen jungen weiter: Er wird sich vielleicht um ihn kümmern, ihn in den ersten Tagen füttern und mit etwas Glück sein Lehrmeister sein.

Wellensittich on tour

Ein so guter Flieger wie der Wellensittich braucht die Möglichkeit, seine Flügel täglich ordentlich einzusetzen. Bevor Ihre Vögel jedoch den Freiflug in einem Zimmer oder der Wohnung genießen können, müssen sie mit ihrer Umgebung gut vertraut sein, um sich orientieren zu können.

Rundflug im Zimmer

Ist der Sittich bereits handzahm geworden, braucht man überhaupt keine Bedenken mehr zu haben und kann das Käfigtürchen zu einem Ausflug öffnen. Voraussetzung ist allerdings, dass im Raum keine Gefahren für den kleinen Flieger drohen. Jedenfalls sind die Fenster zu schließen. Das klingt zwar mehr als selbstverständlich, wird aber immer wieder einmal vergessen. Ist ein Sittich entflogen, besteht kaum eine Hoffnung, dass er von selbst wieder zu Ihnen zurückkommt. Und in unseren Breitengraden und mit dem auffälligen Gefieder sind seine Überlebenschancen sehr gering. Zahme Vögel können anderswo zufliegen, sie lassen sich sogar einfangen, aber so gut wie nie bekommt sie der frühere Besitzer wieder zurück, es sei denn, der Sittich hat als guter Sprecher gelernt, Name und Adresse aufzusagen. Das sind aber wirklich nur ganz große Ausnahmen.

Wellensittiche naschen gern von Ihren Mahlzeiten, das ist aber schädlich für die Vögel.

▸ Beim ersten Ausflug sollten Sie sich Zeit zum Beobachten nehmen, am besten geht das meist am Wochenende. Zuerst wird es eine ganze Weile dauern, bis sich die Vögel überhaupt aus ihrem Käfig herauswagen. Dass man dann nicht vielleicht aus Ungeduld die Sittiche aus dem Häuschen jagt, ver-

Stibitzen des gewaschenen Salates ist erlaubt. Achten Sie aber darauf, das Ihre Wellensittiche nicht etwa Schädliches anknabbern.

steht sich wohl von selbst. Trauen sie sich endlich, führt der erste Flug meist hinauf auf eine Vorhangstange. Dort bleiben sie oft ein paar Stunden sitzen.

SMART

Stresslos einfangen

› **Lassen Sie den Vogel** an seinem Platz sitzen, wenn er nicht von selbst wieder in den Käfig zurück kommt. Prägen Sie sich seinen Sitzplatz abends ein, im Dunkeln lässt er sich leicht greifen. Den Vogel nie mit Besen oder Netz jagen.

Futter darf natürlich nur im Käfig angeboten werden, sonst würden sie wahrscheinlich nicht so bald freiwillig dorthin zurückkehren.

Flugvorbereitungen

Bevor Ihre Sittiche den Käfig verlassen können, müssen Sie mögliche Gefahren ausschalten.

▸ Die Vorhänge sollten Sie zumindest bei den ersten Ausflügen zuziehen. Glastüren und Spiegel sollten ebenfalls abgehängt werden, sonst könnten die Vögel mit voller Wucht dagegen fliegen. Gehirnerschütterung oder Genickbruch wären die Folgen.

▸ Hohe Vasen sind zu verdecken. Ein Sittich könnte hineinrutschen, sich dabei verletzen oder ohne zu klagen, darin verhungern. Weitere Gefahren sind die Spalten zwischen Zimmerwand und Möbeleinbauten.

▸ Farben an Tapeten oder Bilderrahmen haben ebenfalls schon vielen, frei fliegenden Wellensittichen das Leben gekostet, denn irgendwann beginnen die Vögel, ihre Umgebung mit dem Schnabel zu testen. Auch Bleistifte, Zigaretten, giftige Pflanzen und andere Chemikalien sollten außer Reichweite gebracht werden.

▸ Heiße Herdplatten, heiße Töpfe und brennende Kerzen sind gefährlich.

Liebevoll umsorgt

48 Zimmerservice

50 Vorsorge

52 Mögliche Krankheiten

54 Was Sie tun können

56 Nachwuchs

SPEZIAL 58 „Muntere Kinderstube“

Zimmerservice

Wellensittiche sind recht anspruchslose Vögel. Auch die regelmäßige Reinigung von Käfig oder Voliere ist nicht sonderlich aufwändig – aber wichtig, damit die Vögel gesund bleiben.

Sauber muss es sein

Das A und O bei jeder Art von Tierhaltung ist Sauberkeit. Besonders die Ess- und Trinkgefäße müssen einwandfrei sauber sein und täglich ist das Frischfutter vom Vortag zu entfernen, damit es nicht schimmelt.

- **Die Wassernäpfe** verschmutzen recht schnell und in den Ecken lagert sich Schmutz an. Längliche Trinkautomaten werden mit einer Flaschenbürste gesäubert.
- **Die Vogelbadewanne** muss ebenfalls täglich gründlich gesäubert werden, damit sich keine Keime vermehren und den Vögeln schaden.
- **Ist der Futternapf** nicht durch Kot verunreinigt, genügt es bei der täglichen Pflege, die leeren Samenhülsen wegzublasen. Meist braucht dann nur eine geringe Futtermenge nachgefüllt zu werden.
- **Sind die Sitzstangen** mit Kot verschmutzt, müssen diese sofort gründlich gereinigt werden. Sonst können sich leicht Infektionen an den Füßen der Vögel einstellen. Gefährlich ist Kot auch für die Augen, wenn die Wellensittiche ihre Köpfchen an der Sitzstange reiben.
- **Am Käfiggitter** haftender Kot sollte ebenfalls gleich beseitigt werden, damit sich verchromtes oder Messing-Gitter durch die chemische Einwirkung nicht verfärbt.
- **In der Sandschublade** finden sich die Kothäufchen vorwiegend unter den Schlafplätzen. Am besten entfernen Sie diese mit einem Spachtel oder einem Teigschaber. Auf keinen Fall darf der Vogelkot liegen bleiben, da er rasch eintrocknet und durch die Flügelschläge verwirbelt wird. So wird er dann von Mensch und Tier eingeatmet. Dass dies nicht gerade gesund sein kann, ist leicht nachzuvollziehen.

Grundreinigung

Wenigstens einmal in der Woche steht eine Generalreinigung auf dem Programm. Dann sollten Sie alle Einrichtungsgegenstände – auch wenn sie keinen sichtbaren Schmutz aufweisen – und den ganzen Käfig gründlich waschen.

Käfig und Einrichtung richtig säubern

Reinigen Sie Gitter und Einrichtungsgegenstände unter heißem Wasser und trocknen Sie diese gut ab. Scharfe Reinigungsmittel sind nicht notwendig.

Eine Desinfektion des Käfigs ist nur auf Anraten des Tierarztes sinnvoll, z. B. bei einem Parasitenbefall.

Es erleichtert die Arbeit, wenn Sie Näpfe und Trinkflasche in doppelter Ausführung besitzen und bei der Reinigung saubere gegen verschmutzte tauschen.

▸ Solange die Sittiche in der Wohnung fliegen, können Sie sich auch den Gitterteil des Käfigs vornehmen, um ihn in der Badewanne kräftig abzubrausen. Das gleiche gilt für die Kunststoffschale des Käfigs.

▸ In der Wohnung haben die frei fliegenden Vögel ihre Lieblingsplätze, an denen sich Kot ansammeln kann. Mit der Zeit werden Sie diese Plätze kennen. Wenn Sie dort Zeitungsblätter unterlegen, erleichtert Ihnen dies das Saubermachen.

Vorsicht beim Hausputz

Wenn Sie Hausputz in der Wohnung machen, sollten Sie nicht vergessen, dass Vögel gewöhnlich über diese Säuberungsaktionen wenig erfreut sind. Wischtücher und geschwungene Besen können Fluchtreaktionen und erheblichen Stress auslösen. Ein Staubsauger mit seinem Gebrumm wirkt noch beängstigender. Daher in Käfignähe mit solchen und ähnlichen Geräten behutsam umgehen! Wird gelüftet, dürfen die Vögel keinem kalten Luftzug oder einer plötzlichen Abkühlung ausgesetzt sein. Selbst bei abgehärteten Tieren könnte dies sonst leicht eine Lungenentzündung auslösen.

Synchronputzen wird gerade von Wellensittichpaaren oft gezeigt.

Badestunde

Baden ist für Vögel wichtig, um ihr Gefieder zu pflegen. Doch nicht jeder Sittich sucht das Badehäuschen auf, um dort fröhlich zu plantschen. Manche baden in einem flachen Teller oder schlüpfen zwischen nassen Blättern herum, andere möchten lieber ein Brausebad nehmen. Sie setzen sich neben den tropfenden Wasserhahn und lassen sich anspritzen. Sofern die Vögel dies wünschen, sollte es das ganze Jahr über die Badegelegenheit mit frischem Wasser geben – Vögel unterscheiden nicht zwischen Trink- und Badewasser.

Vorsorge

Gesundheitsvorsorge fängt schon beim Kauf an: Erwerben Sie Vögel nur dort, wo Sie von Haltung und Pflege überzeugt sind und gehen Sie keine Kompromisse ein.

Wenn ein Vogel zeigt, dass er krank ist, ist Eile geboten. Hausmittel sollten nur nach Absprache mit dem Tierarzt angewendet werden, sonst können sie sehr schaden.

Im Wasser plantschen macht viel Spaß. Vor der Schlafenszeit ist es aber tabu, sonst trocknet der Vogel nicht richtig und erkältet sich.

Ein Fall für den Tierarzt

Wenn Sie folgende Anzeichen bei einem Ihrer Wellensittiche feststellen, sollte die Ursache vom Tierarzt abgeklärt werden.

- **Die Ausscheidungen** weisen eine andere Form oder Konsistenz auf als üblich.
- **Die Körperhaltung** ist untypisch, z. B. hält der Vogel sich beim Schlafen mit beiden Füßen auf der Stange fest, sitzt oft auf dem Boden oder plustert ständig sein Gefieder auf. Bedenklich sind auch ein gekrümmter Rücken, ein gebogener Schwanz, ein hängender Flügel, das ständige Hochziehen eines Beins oder taumelnde Bewegungen.
- **Sein Verhalten** hat sich geändert, er spielt vielleicht nicht mehr oder nicht mehr so viel, mag nicht mehr fliegen, zieht sich zurück und schläft jetzt viel. Er wird plötzlich von anderen Vögeln gejagt oder ein sonst scheuer Vogel lässt sich nun einfach anfassen.
- **Die Augen** sind halb offen / halb geschlossen und die Atmung fällt ihm schwer.

Auch das Gruppenverhalten gibt wichtige Hinweise auf den Gesundheitszustand. Wird ein Vogel plötzlich gejagt, ist er vielleicht krank.

Parasiten

Sauberkeit ist die beste Möglichkeit um diesen Plagegeistern vorzubeugen.

▸ **Rote Vogelmilbe** Sind Ihre Vögel nachts unruhig, weist das auf diesen in der Nacht aktiven Blutsauger hin. Tagsüber halten sich die Milben in Ritzen versteckt und sind allenfalls als hellgrauer Belag zu erkennen. Eine sichere Methode zur Feststellung dieser Parasiten: Nachts ein helles Tuch über den Vogelkäfig geben, am Morgen danach sind die Milben als dunkelrote Kügelchen in den Falten an der Unterseite des Tuches zu erkennen. Wenden Sie sich dann an Ihren Tierarzt.

▸ **Innenparasiten** verursachen oft Appetitlosigkeit, Schläfrigkeit, Bewegungsunlust und veränderten Kot. Gewissheit bringt eine Kotuntersuchung (zur Kotgewinnung ein Stück sauberes Papier unter den Schlafplatz des Vogels legen. Die Kotprobe dann zum Tierarzt bringen). Die einzelligen, im Darm parasitierenden Kokzidien und Würmer sind leicht nachzuweisen.

SMART

Gesundes Extra

- **Zur ausgewogenen** Ernährung brauchen auch Wellensittiche gelegentlich Eiweiß.
- **Einmal in der Woche** sollten Sie Ihren Vögeln dieses wichtige Extra bieten. Gut bewährt haben sich Aufzuchtfutter aus den Zoofachhandel oder ein kleines Stückchen gekochtes Ei. Ei niemals roh geben, es könnten z. B. Salmonellen übertragen werden.

Mögliche Krankheiten

Auch bei umsichtiger Pflege Ihrer Wellensittiche kann eine Krankheit auftreten. Je besser der Allgemeinzustand Ihrer Vögel ist, desto günstiger sind die späteren Heilungschancen. Auf jeden Fall muss aber der Tierarzt eine Diagnose stellen.

Kontrollieren Sie wöchentlich, ob der Fußring noch richtig sitzt. Eingewachsene Ringe müssen vom Tierarzt entfernt werden.

Krankheiten, die Sie kennen sollten

Die Anzeichen der häufigsten Erkrankungen sollten Sie kennen, damit Sie im Ernstfall schnell und richtig reagieren können.

- **Eine Erkältung** wird begleitet von Niesen, Sekretausfluss aus den Nasenlöchern, oft auch Augenentzündungen. Die Vögel leiden dann unter Atembeschwerden und versuchen durch das Reiben des Schnabels an den Sitzstangen, die verstopften Nasenlöcher frei zu machen. Kaltes Trinkwasser, Zugluft und Absinken der Raumtemperatur sind die häufigsten Ursachen für Erkältungen.
- **Kropfentzündungen** entstehen meist durch Infektionen, vor allem bedingt durch unsaubere Wassergefäße. Der Vogel würgt und erbricht, das Kopfgefieder ist verklebt. Der Vogel muss möglichst sofort zum Tierarzt gebracht werden.
- **Darmentzündungen** können viele Ursachen haben, z. B. Vergiftungen durch Aufnahme gefährlicher Substanzen beim Freiflug, Infek-

tionen, oder Parasiten. Ein erkrankter Vogel sitzt meist matt auf dem Käfigboden herum. Er hat Durchfall, sodass die Kloakengegend bald von dem weichen Kot verklebt ist. Die Kloakengegend ist zu reinigen, stark verschmutzte Federchen schneidet man ab. Am besten ist es jedoch vorzubeugen: Auf qualitativ einwandfreies Futter achten, den Sittich nie bei den Mahlzeiten mitnaschen lassen.

▸ **Die Papageienkrankheit** (Psittakose) äußert sich mit hartnäckigem Durchfall, Atembeschwerden, Sekretausfluss aus den Nasenlöchern und eitriger Bindehautentzündung. Diese Erkrankung ist sehr gefährlich und kann auch auf den Menschen übertragen werden. Gewissheit bringt eine Kotuntersuchung.

▸ **Bei Gelenkgicht** sind in Gelenksnähe unter der Haut helle Ablagerungen zu erkennen, auch an den Zehengelenken. Zusätzlich sind die Gelenke oft geschwollen und gerötet. Der Vogel verliert an Beweglichkeit. Geben Sie weniger Eiweißfutter, um ein Fortschreiten zu verzögern. Sie sollten dem Vogel gepolsterte „Sitzplatten" anbieten.

▸ **Sohlenballengeschwüre** werden durch mangelnde Durchblutung verursacht. Gründe dafür sind oft Mangelerscheinungen, falsche Sitzstangen und Verletzungen. Sie müssen vom Tierarzt behandelt werden.

▸ **Legenot** betrifft vor allem übergewichtige und ältere Weibchen. Der Vogel ist dann sehr unruhig, presst ständig, dabei wippt der Schwanz auf und ab. Gehen Sie besonders behutsam mit den Weibchen um, fächeln Sie Wasserdampf in den Käfig und sorgen Sie für Wärme (Seite 54). Tritt innerhalb von etwa einer Stunde keine Besserung ein, muss das Tier schnellstmöglich zum Tierarzt, am besten vorher schon anrufen.

▸ **Tumoren** treten am häufigsten als gutartige Fettgewebsknoten auf, können aber auch bösartig sein. Häufig bringt eine Operation Heilung. Ein solcher Eingriff sollte vom Tierarzt unter einer Inhalationsnarkose durchgeführt werden. Je früher der Tumor erkannt und behandelt wird, desto besser sind natürlich die Chancen. Achten Sie deswegen bei Ihren Wellensittichen auf Umfangsvermehrungen unter der Haut.

Ihr Tierarzt wird Ihnen sagen, ob die Vögel bei einer Erkrankung besser getrennt werden sollten.

▸ **Nach Unfällen,** z. B. einem Aufprall gegen eine Fensterscheibe, brauchen Vögel viel Ruhe. Rufen Sie in einem solchen Fall sofort den Tierarzt an um mit ihm abzuklären, ob er direkt den Vogel sehen will oder der Transport besser noch eine Weile warten sollte. Auch gebrochene Füße oder Flügel sollten nur vom Tierarzt behandelt werden.

Was Sie tun können

Ein kranker Vogel sollte schnellstmöglich von einem Tierarzt behandelt werden.

Erste Hilfe für Vögel

Doch es gibt auch Notfallmaßnahmen, die Sie durchführen können, falls der Tierarzt nicht erreichbar ist.

▸ Wärmebehandlung bietet sich z. B. bei Atemwegs- und Durchfallerkrankungen an. Eine Infrarotlampe oder zumindest eine Schreibtischlampe, die den Sitzplatz des Vogels auf 30 bis 33 °C erwärmt, führt zum Erfolg, die Rückseite dieses Bereichs sollte mit einem Tuch abgedeckt sein, damit die Wärme sich besser hält. Bestrahlen Sie aber nur einen Teil des Käfigs, damit der Vogel bei Bedarf der Hitze ausweichen kann. Bei Krämpfen oder Gehirnerschütterungen nach Unfällen darf keine Wärmebehandlung erfolgen. Dadurch werden Durchblutung und Blutdruck erhöht, was den Zustand des Vogels verschlimmert.

▸ Kamillendampf kann ebenfalls bei einer Atemwegserkrankung helfen. Decken Sie dazu den Käfig mit einem Tuch ab und lassen Sie nur die Vorderseite frei. Vor den Käfig stellen sie eine Schale mit Kamillenblütenaufguss und fächern den Dampf ein- bis zweimal täglich in Richtung Käfig.

Der Tierarztbesuch

Erkundigen Sie sich schon frühzeitig nach einem Tierarzt in Ihrer Nähe, der häufig Vögel behandelt und diese auch stationär aufnehmen kann.

Wird der Vogel im Käfig transportiert, sollte dieser nicht gereinigt werden. Eine Transportbox muss weich gepolstert werden, um Verletzungen vorzubeugen.

Halten Sie den Vogel während des Transports unbedingt warm und vor Zugluft und Nässe geschützt. Käfige müssen mit einem Tuch abgedeckt werden.

Alle Informationen rund um den Vogel können für den Tierarzt wichtig sein, z. B. Alter, seit wann Sie ihn haben und woher, ob Sie andere Vögel besitzen und diese auch krank sind, Haltungsbedingungen, usw.

Kolbenhirse wird auch von kranken Vögeln häufig noch gern angenommen. Bei Durchfall vorerst kein Frischfutter geben.

▸ **Füttern** müssen Sie Ihren Vogel, wenn er nichts frisst, sonst wird er zu schwach. Am besten geht das mit Babybrei und einer Spritze (ohne Nadel). Geben Sie ihm drei- bis viermal täglich den Inhalt einer 1-ml-Spritze ein. Auf diese Weise können Sie auch Medikamente eingeben.

▸ **Blutungen,** z. B. nach einem Unfall müssen Sie sofort stillen. Mit dem Finger oder Blut stillender Watte aus der Apotheke müssen Sie dazu Druck ausüben. Es kann einige Minuten dauern, bis es aufhört zu bluten.

▸ **Holzkohle** kann bei Durchfällen und anderen Verdauungsstörungen helfen.

SMART

Mauserzeit

- **Die Mauser** ist keine Krankheit.
- **Viel Frischluft,** höhere Luftfeuchtigkeit, gesunde Ernährung, 2 x pro Woche Eiweiß und wenig Stress sind hilfreich.

Schnabel und Krallen

Abnormes Wachstum von Schnabel und Krallen ist eigentlich keine Krankheit, sondern eher die Folge von mangelnden Möglichkeiten, diese auf natürliche Weise abzunutzen. Wahrscheinlich spielt auch eine gewisse Veranlagung eine Rolle. Bieten Sie viel Nagematerial an, auch Ziegelsteine werden oft gerne angenommen. Die notwendigen Korrekturen sollten dem Fachmann vorbehalten bleiben.

Nachwuchs

Auch beim Wellensittich gehört das Kinderkriegen zum Leben. Wer im Sinne einer artgerechten Haltung ein Pärchen besitzt, sollte aber dennoch überlegen, ob eine Sittichkinderstube nicht zu viel des Guten sein könnte, denn der Nachwuchs will gut untergebracht werden und es gilt spezielle Vorschriften zu beachten.

Rechtliches

Als Züchter gilt man in Deutschland bereits, wenn man nur einem einzigen Wellensittichpärchen im Zimmerkäfig Nachwuchsfreuden gönnen möchte. Auf keinen Fall darf der Nachwuchs von Wellensittichen, ohne dass er gleich nach dem Ausschlüpfen beringt worden ist, in den Handel gebracht werden.

- **Die Fußringe** gibt es über die Züchtervereinigungen gegen Vorlage eines Erlaubnisscheines für die Zucht. Um die Zuchterlaubnis zu erlangen, muss beim Amtstierarzt eine Eignungsprüfung abgelegt werden, bei der es nicht nur darauf ankommt, über Haltung, Fütterung und Zucht Bescheid zu wissen, sondern auch die Seuchenverordnung zu kennen, die sich auf die Psittakose bezieht. Ebenso muss ein Zuchtbuch geführt und ein Quarantäneraum nachgewiesen werden.
- **In Österreich und der Schweiz** bestehen außer den allgemeinen Bestimmungen zum Tierschutz keine besondere Regelungen für die Zucht von Wellensittichen.

Wenn es Nachwuchs geben soll

In ihrer Heimat brüten Wellensittiche vorwiegend in ausgemorschten oder ausgenagten Baum- und Asthöhlen. Zum Glück ist es nicht erforderlich, den Sittichen die naturgetreue Nachbildung einer solchen Höhle zu bieten. Sie sind mit den im Zoofachhandel erhältlichen Nistkästen voll und ganz zufrieden, wobei die waagrechten Modelle gegenüber den hohen Nistkästen einige Vorteile besitzen.

Gegenseitiges Füttern gehört zur Balz. Das Männchen füttert sein Weibchen auch beim Brüten und nach dem Schlüpfen der Jungen.

▸ **Im Gegensatz** zu vielen anderen Papageien wollen Wellensittichweibchen im Kasten keinen Bodengrund, Einstreu wird sie meist wieder herausbefördern – den Vögeln reicht für das Gelege eine Kuhle aus.

Brüten

Theoretisch kann sich Sittichnachwuchs zu jeder Jahreszeit einstellen. Die Vögel sind es gewohnt, jede günstige Gelegenheit zur Brut zu nutzen und daher an keine bestimmte Jahreszeit gebunden. Nur in der Mauser wird nicht gebrütet. Wird es ernst, ist das Männchen ganz aufgeregt und wirbt um seine Partnerin. Das Weibchen wählt einen Brutplatz aus oder besiedelt den angebotenen Brutkasten.

▸ **Jeden zweiten Tag** wird ein Ei gelegt, gebrütet meist gleich ab dem ersten. Bei im Schnitt fünf Eiern pro Gelege bedeutet dies, dass das zuerst geschlüpfte Sittichkind schon kräftig gewachsen ist und seine Augen öffnet, wenn das fünfte erst aus dem Ei kriecht. Trotz dieses Unterschiedes wird keiner der Winzlinge benachteiligt, sie erhalten von der Mutter in den ersten zwei Lebenstagen eine spezielle Babykost – ein im Vormagen gebildetes Sekret.
Ab Brutbeginn füttert das Männchen seine Partnerin. Schlüpfen die Jungen, wird das Weibchen weiter am Kasteneingang gefüttert und gibt die Nahrung an die Kleinen weiter. Nach etwa zwei Wochen begibt sich der Vater selbst in das Nest und versorgt seine Kinder direkt.

▸ **Kontrollieren** Sie den Kasten ab dem ersten Schlüpfen, am besten wenn die Mutter diesen zum Koten verlässt. Eines der Jungen könnte gestorben sein oder stark mit Kot verschmutzte Füße haben, die gesäubert werden müssen.

Zur Aufzucht ihres Nachwuchses brauchen die geschäftigen Wellensitticheltern viel Eiweißfutter und frisches Keimfutter.

Muntere Kinderstube

Etwa 18 Tage dauert es, bis aus den Eiern die winzigen, nackten Wellensittichbabys schlüpfen. Nach kurzer Zeit sprießen schon die ersten Federn und dann dauert es auch nicht mehr lange bis zu den ersten Flugversuchen.

Sollen die jungen Wellensittiche zu gesunden und kräftigen Vögeln heranwachsen, müssen die Elterntiere auch schon während der Brut zusätzlich zum Körnerfutter ein gutes Aufzuchtfutter bekommen. Will man Zeit und Mühe sparen, kauft man ein handelsübliches Aufzuchtfutter aus dem Zoofachhandel, das sich gut mit zerdrücktem, gekochten Eidotter, etwas trockenem Quark und fein geriebener Karotte aufbessern lässt. Ebenso empfiehlt es sich, zusätzlich eine hochwertige Vitamin-Mineralstoffmischung in Pulverform zu verfüttern. Ganz wichtig ist ebenfalls das vitaminreiche Keimfutter (Seite 37), das den Wellensitticheltern am besten täglich mehrmals frisch gereicht werden sollte.

① **Das Gelege** ▸ Durchschnittlich legt das Wellensittichweibchen fünf Eier, es wurden aber auch schon zehn gezählt. Für das Brüten ist nur das Weibchen zuständig, das als „Gegenleistung“ dafür vom Männchen gefüttert wird. Das Weibchen achtet darauf, jedes Ei mehrmals täglich zu wenden, das garantiert dem Ei eine optimale Versorgung mit Wärme. Sie sollte während der Brutzeit nicht im Nest gestört werden. Auch das Anfassen der Eier ist tabu – sie könnten beschädigt werden.

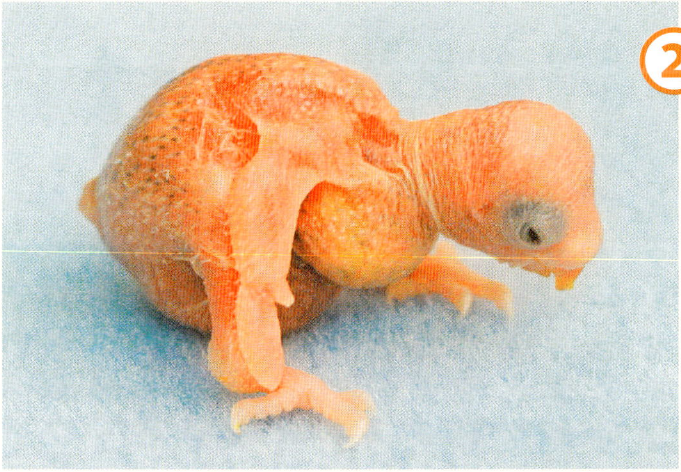

2

◂ **Das Schlüpfen** Mit Hilfe des auf dem Schnabel befindlichen Eizahns brechen die Küken die Schale des Eies auf, was für sie sehr anstrengend ist. Gelingt es ihnen nicht aus eigener Kraft, hilft die Mutter nach. Die Kleinen haben noch geschlossene Augen, sind ganz nackt und wiegen gerade etwas mehr als zwei Gramm. Ohne die Wärme und die Fürsorge ihrer Mutter wären sie verloren. Dieses Wärmen nennt man „Hudern". Gefüttert werden sie mit vorverdauten Körnern.

Flügge ▸ Nach etwa zwölf Tagen hat sich das Schlupfgewicht verzehnfacht und der Jungvogel alle Daunenfedern. Rund fünf Wochen verbringen die Jungen im Nest und kommen mit großen schwarzen Augen, einem schwärzlichen Schnabel und noch etwas verwaschener Gefiederzeichnung heraus. Dann nehmen sie ihre ersten „Flugstunden", vorher haben sie die Muskulatur durch Flügelschlagen gestärkt. Ein bis zwei Wochen kümmert sich noch der Vater um den Nachwuchs, dann ist er selbstständig.

3

Infoecke

Bücher

- Aeckerlein, W. Steinmetz, D.: Vögel richtig füttern. Verlag Eugen Ulmer, Stuttgart 2003.
- Briemle, G.: Farbatlas Kräuter und Gräser in Feld und Wald. Verlag Eugen Ulmer, Stuttgart 1997.
- Quinten, D.: Ziervogelkrankheiten. Verlag Eugen Ulmer, Stuttgart 1999.
- Sonnenschmidt, R., Wagner, M.: Vögel – Akupunktur, Homöopathie, Bach-Blütentherapie, Kinesiologie. Verlag Eugen Ulmer, Stuttgart 1996.
- Vins, T.: Wellensittiche. Verlag Eugen Ulmer, Stuttgart 1993.

Making Of

▸ **Der Autor** Dr. Kurt Kolar war Zoologe und Verhaltensforscher hat sich über dreißig Jahre lang mit der Haltung und Zucht verschiedener Papageienarten beschäftigt, war Direktor des Tiergartens Schönbrunn in Wien und Vorsitzender einer österreichischen Tier- und Naturschutzorganisation.

▸ **Die Fotografin** Regina Kuhn ist freischaffende Fotodesignerin und Autorin mit jahrelanger Erfahrung in der Fotografie von Heimtieren.

▸ **Der Verlag und die Fotografin** danken für die freundliche Unterstützung der Fotoaufnahmen Sandra Meixner, Esslingen, Karin, Carolin und Kasper Ruopp sowie Hannes Kuhn, Stuttgart.

Adressen

AZ, Vereinigung für Artenschutz, Vogelhaltung und Vogelzucht e.V., Postfach 11 68, 71501 Backnang, **www.azvogelzucht.de**

DSV, Deutsche Standard-Wellensittich-Züchtervereinigung e.V., Geschäftsstelle Maria Heinrich, Amselweg 1, 97332 Volkach, **www.dsv-ev.de**

VWFD, Verein der Wellensittichfreunde Deutschland e.V., Postfach 19 03 25, 50500 Köln, **www.vwfd.de**

Tierärztliche Vereinigung für Tierschutz e.V. (TVT) Geschäftsstelle: Bramscher Allee 5 49565 Bramsche **www.tierschutz-tvt.de**

Zeitschriften

Aktuelles aus der Vogelwelt, Fachzeitschrift für Vogelliebhaber. Verlag Wilhelm Geistlinger, Adnet (Österreich).

AZ-Nachrichten. Organ der AZ, Backnang.

Die Voliere. Verlag M. & H. Schaper, Alfeld.

Gefiederte Welt. Fachzeitschrift für Vogelliebhaber und Vogelzüchter. Verlag Eugen Ulmer, Stuttgart.

Gefiederter Freund, Schweizerische Monatszeitschrift für Vogelpflege, Zucht und Artenschutz. Organ des Schweizerischen Verbandes EXOTIS, Wien b. Wil.

Wellensittich-Magazin. Internationale Zeitschrift für Züchter, Halter und Aussteller. PDN Sachbuchverlag GmbH, Hannover.

Impressum

Bibliografische Information der Deutschen Bibliothek
Die Deutsche Bibliothek verzeichnet diese Publikation in der Deutschen Nationalbibliografie; detaillierte bibliografische Daten sind im Internet über http://dnb.ddb.de abrufbar.

Wollgrasweg 41,
70599 Stuttgart
Internet: www.ulmer.de
Lektorat: Dr. E.M. Götz
Redaktionelle Bearbeitung: textory mediaService
Umschlag- und Innengestaltung: X-Design, München
Druck und Bindung: Litotipografia-editrice Alcione, Trento
Printed in Italy
ISBN 3-8001-4481-6

Internet

www.sittiche.de
www.birds-online.de
www.wellensittich.org
www.tierschutzvereine.de (Verzeichnis von Tierschutzvereinen und Tierheimen)
www.med.uni-bonn.de/giftzentrale/pflanidx.html (Liste giftiger Pflanzen)

(Hinweis: Der Verlag Eugen Ulmer ist nicht für den Inhalt von Links verantwortlich)

Bildquellen

Juniors Tierbildarchiv: Seite 11
Regina Kuhn Fotodesign: Umschlagfoto und alle anderen Fotos im Innenteil

Herstellernachweis

Trixie Heimtierbedarf, Tarp
Zoo-Utke, Oberesslingen

Haftung

Für Ihr Heimtier tragen Sie selbst die Verantwortung. Die in diesem Buch enthaltenen Empfehlungen und Angaben sind vom Autor mit großer Sorgfalt zusammengestellt und geprüft worden. Eine Garantie für die Richtigkeit der Angaben kann aber nicht gegeben werden.

Register

A
Alter 17
Artgenossen 31, 32
Aufplustern 30
Ausscheidungen 50
Außenvoliere 23
Aussuchen 17
Australien 8, 9

B
Badehäuschen 25, 49
Blutungen 55

E
Eingewöhnung 26
Einzeltier 16
Eiweißfutter 51, 57, 59
Erbanlagen 14
Ernährungszustand 18
Erste Hilfe 54

F
Farben 14
Fliegen 11, 12
Freiflug 4, 13, 29, 44
Frischfutter 36
Fußring 18, 19, 52
Futter 34-37
Füttern, künstlich 55
Futternäpfe 25
Futtersuche 8, 11

G
Gefieder 65
Gesund 17
Gesundheitsvorsorge 50
Grit 35

H
Haustiere 26, 33
Herkunft 8

Import 9

Jungvögel 9, 16

K
Käfig 22
Käfigreinigung 48
Kalk 35
Keimfutter 37, 57, 58
Kinderseite 64
Klettern 13
Kommunikation 11
Kontakt aufnehmen 4
Körperbau 14
Körperhaltung 50
Krallenpflege 55
Krankheiten 52

L
Lautsprache 31
Lebensraum 8
Leckerbissen 35

M
Männchen 16, 56-59
Mauser 55
Mineralstoffe 35
Mutation 15

N
Nachtruhe 28
Nachwuchs 16, 56-59

P
Paarbindung 13, 31
Parasitenbefall 30, 51
Pärchen 16
Putzen 13

R
Räudemilben 18
Rechtliche Vorschriften 56

S
Sämereien, halbreife 9
Schauwellensittiche 14
Schlafen 13
Schnabel 30
Schnabelpflege 55
Schwärme 8, 16
Sinnesleistungen 10
Sittichcharaktere 4
Sitzstangen 24
Sozialverhalten 4
Spielideen 40
Spielzeug 38, 39
Sprachunterricht 42, 43
Standard 15
Standort des Käfigs 23
Streit 31

T
Tierarzt 50-54
Tierheim 17, 18
Transport 26

U
Unfall 54, 55
Urlaubsbetreuung 16, 28

V
Vergesellschaftung 32
Verhalten 30, 50
Verhaltensregeln 26
Vogelsand 25, 35

W
Wachshaut 16, 19
Wärmebehandlung 54
Wasser 35
Wassertränke 25
Weibchen 16, 56-59
Wellensittiche, junge 17
Wildfarbe 9

Z
Zimmervoliere 22
Zoofachhandel 14
Zubehör 24
Zucht 9
Züchter 14, 15, 18
Zweige 24, 25

Smart bringt's. Punkt.

Meerschweinchen.
Fritz Dietrich Altmann. 2005.
Ca. 64 S., ca. 60 Farbf., kart.
ISBN 3-8001-4479-4.

Mäuse.
Georg Gaßner. 2005.
Ca. 64 S., ca. 60 Farbf., kart.
ISBN 3-8001-4482-4.

Zwergkaninchen.
Fritz Dietrich Altmann. 2005.
Ca. 64 S., ca. 60 Farbf., kart.
ISBN 3-8001-4480-8.

Chinchillas.
Heike Schmidt-Röger. 2005.
Ca. 64 S., ca. 60 Farbf., kart.
ISBN 3-8001-4469-7.

Frösche.
Uwe Dost. 2005.
Ca. 64 S., ca. 60 Farbf., kart.
ISBN 3-8001-4253-8.

Miniteiche und Brunnen.
Andrea Christmann. 2005.
Ca. 64 S., ca. 60 Farbf., kart.
ISBN 3-8001-4745-9.

Gärten für jeden Typen.
Jutta Korz. 2005.
Ca. 64 S., ca. 60 Farbf., 5 Tab.,
kart. ISBN 3-8001-4746-7.

Astrologiegärten.
Regina Engelke. 2005.
Ca. 64 S., ca. 65 Farbf., 12
Zeichn., kart.
ISBN 3-8001-4742-4.

Balkonkästen.
Monika Kratz. 2005.
Ca. 64 S., ca. 60 Farbf., kart.
ISBN 3-8001-4142-6.

Rosen pflegen.
Henry Klein. 2005.
Ca. 64 S., ca. 60 Farbf., kart.
ISBN 3-8001-4747-5.

Küchenkräuter.
Gabriele Lehari. 2005.
Ca. 64 S., ca. 60 Farbf., kart.
ISBN 3-8001-4741-6.

Änderungen und Irrtümer vorbehalten.

Ganz nah dran. Ulmer

Kluge Tipps für SMART-KIDS

Extra-welli

Bei deiner bunten Wellensittichbande ist immer was los. Es macht viel Spaß, die Vögel bei ihnen Entdeckungen zu beobachten.

Kennst du das Gefühl, wenn ein Wellensittich auf deinem Kopf sitzt? Es kitzelt ein wenig und manchmal piekst es auch ein bisschen. Wenn deine kleinen Mitbewohner dich besonders mögen, knabbern sie vielleicht auch an deinem Ohr oder ziehen deine Haare durch ihren Schnabel – das ist ein echter Freundschaftsbeweis. Dieses Vertrauen musst du dir aber erst verdienen.